台科大
since 1997

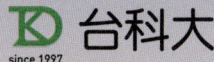

用mBlock 玩CyberPi 編程學習遊戲機

含遊戲機範例

Makeblock 編著 | 黃重景 編譯
趙珩宇・李宗翰（暖男老師）校閱

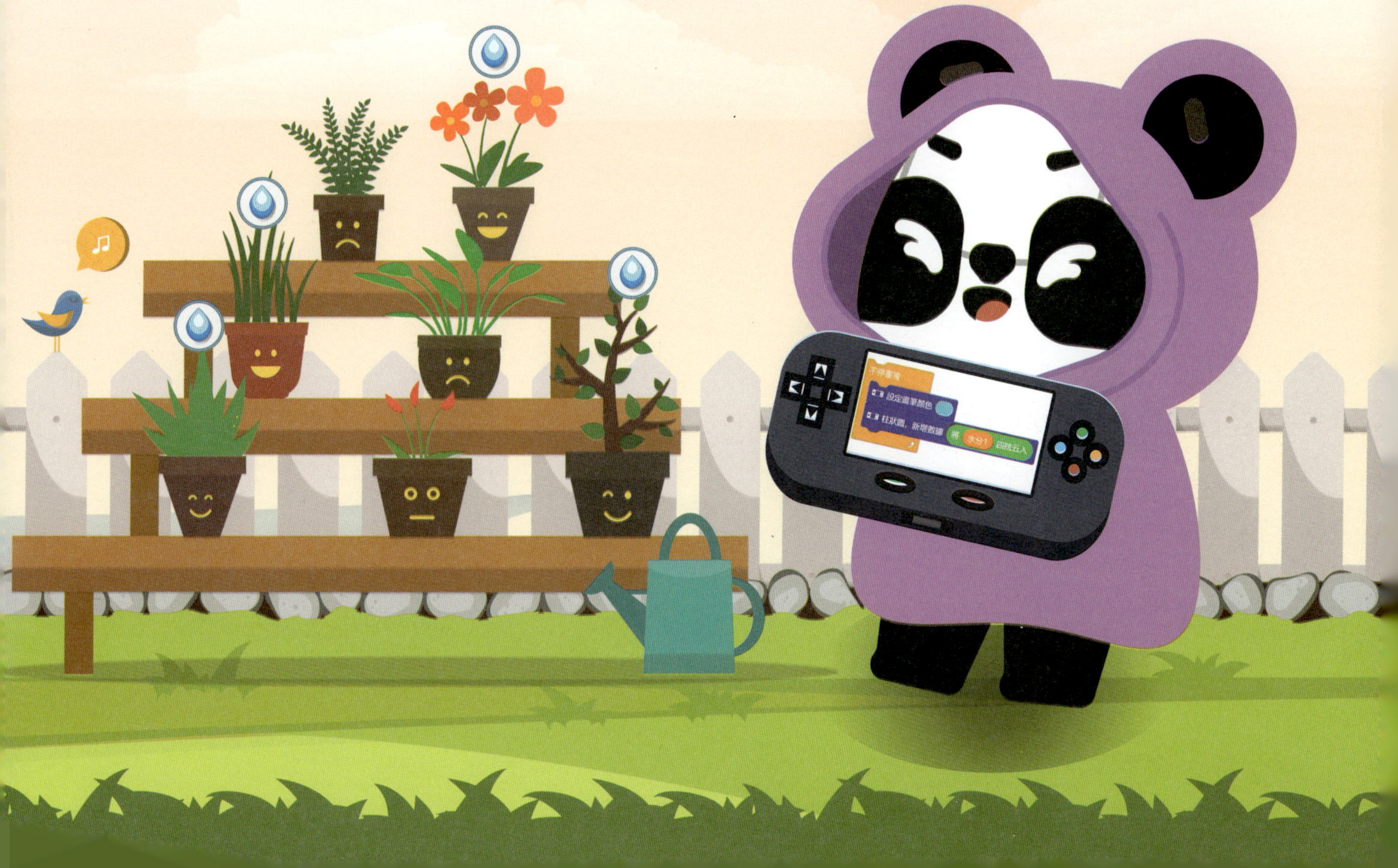

推薦序

程式設計是數位時代的紙和筆，是學生們發揮創意的工具，學習程式設計目的不是為了在將來從事程式設計類的工作，而是為了讓學生們能夠更好的使用程式設計這個非常強大的現代技術方法，去解決問題，去創造新的東西。

對於程式設計學習來說，最重要的是激發學生的興趣，導入硬體可激發學生們對程式設計的興趣有極大的好處，現在的學生們是數位世界的原住民，對螢幕裡的互動非常熟悉，激發興趣的臨界值也更高，傳統的純軟體圖形化程式設計很難持續激發學生的興趣，而本書導入一個小巧又功能強大的硬體—CyberPi，透過各種酷炫的硬體專案，進一步激發學生學習的興趣，學習程式設計的同時也讓學生學到更多硬體相關的知識，拓寬了創造的邊界，做出與現實生活相關的硬體專案。

人工智慧技術浪潮席捲全球，學習程式設計，使用人工智慧技術去解決問題，去創造讓學生們更早的為未來的社會做好準備，能夠讓他們在未來對這些強大的技術有更強的掌控力，而不是被技術所支配。

程式設計是一門練大於教的學科，最佳的學習方式是激發學生對程式設計學習的興趣，給學生們足夠廣的創造和發揮的空間，引導他們透過真實的項目多加練習，就能夠達到很好的學習效果。希望這本書能夠為學生們打開一扇新的視窗。

本書能順利出版，要感謝台科大圖書公司范文豪總經理的鼎力協助和編輯團隊精心版面設計，讓本書能順利付梓，在此一併致謝。

Makeblock CEO 王建軍

目錄

第 0 課	mBlock 5 初體驗	1
第 1 課	噪音監測儀	9
第 2 課	光影音量柱	19
第 3 課	超級體溫表 ⭐	27
第 4 課	班級雲投票	35
第 5 課	隨身翻譯機	45
第 6 課	植物小管家	55
第 7 課	智慧提醒器	67
第 8 課	網購自助取件	75
第 9 課	自動駕駛 ⭐	83
第 10 課	公車即時動態資訊	93
第 11 課	眼花手亂	103
第 12 課	看我指揮	113
第 13 課	金魚嘉年華 1 ⭐	123
第 14 課	金魚嘉年華 2	133
第 15 課	跳躍風火輪 1	145
第 16 課	跳躍風火輪 2	157
附錄 1	在 CyberPi 中玩自創遊戲	174
附錄 2	小試身手、實作題解答	180

⭐：課程內容僅使用軟體 mBlock 5 來做為範例。

第 0 課

mBlock 5 初體驗

用 mBlock 玩 CyberPi 編程學習遊戲機─含遊戲機範例

知識小百科 — 程式和程式設計

將電腦能夠理解的語言按照一定的順序拼接起來的指令就叫做程式，挑選指令和拼接的過程就叫做程式設計。

① mBlock 5 程式設計軟體

mBlock 5 是一款專為科技領域打造的圖型化積木式程式設計和代碼程式設計軟體，基於 Scratch 3.0 開發。它不僅能讓使用者在軟體中創作有趣的故事、遊戲、動畫等，還能對 Makeblock 體系、Arduino 和 micro:bit 等硬體進行程式設計。mBlock 5 並且支援一鍵切換 Python 等代碼語言，同時融入 AI 人工智慧和 IoT 物聯網等前沿技術。它還支援行動裝置端，真正實現讓同一個項目獲得單機版、網頁版和行動裝置端的全平臺支援。mBlock 5 軟體下載連結：https://mblock.makeblock.com/en-us/download/。

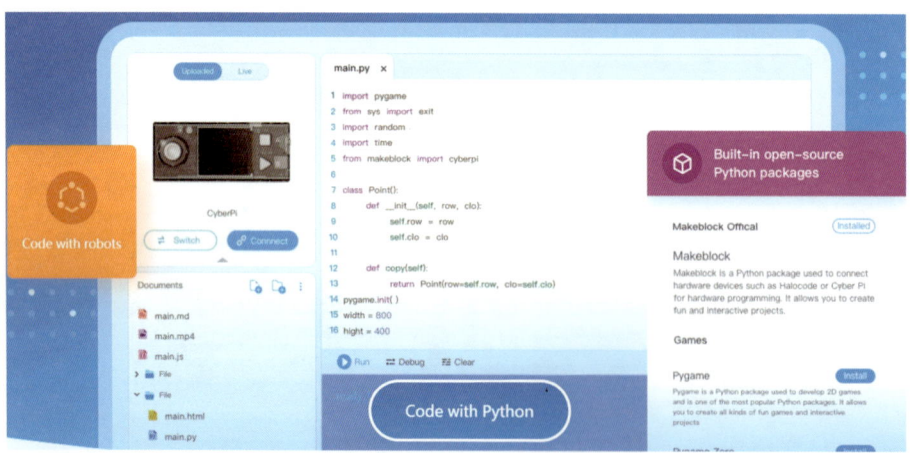

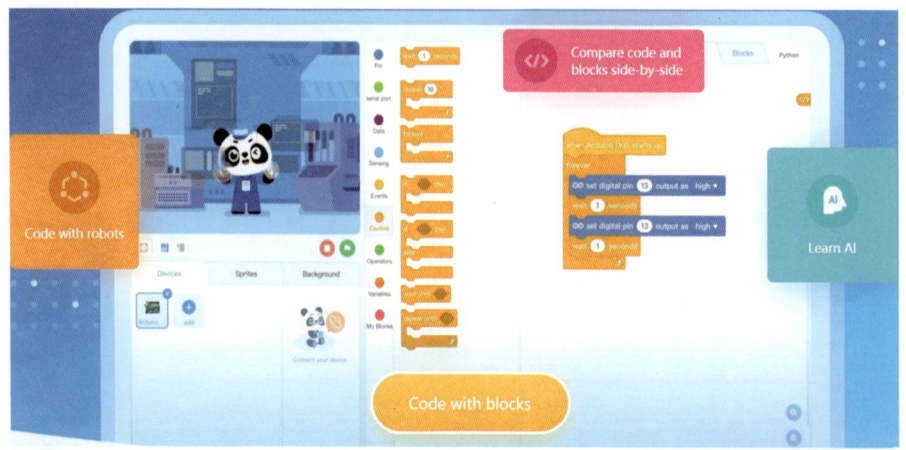

第 0 課　mBlock 5 初體驗

2 啟動 mBlock 5 軟體

打開 mBlock 5 軟體，在 mBlock 5 的操作介面上找到右上角的「教學課程」，點擊「教學課程」選擇「程式範例」。

Step1.　打開程式檔

在「程式範例」介面下，先點選「Stage（舞台）」找到「Space Adventure（太空歷險記）」，再點擊「確認」按鈕進入該程式。

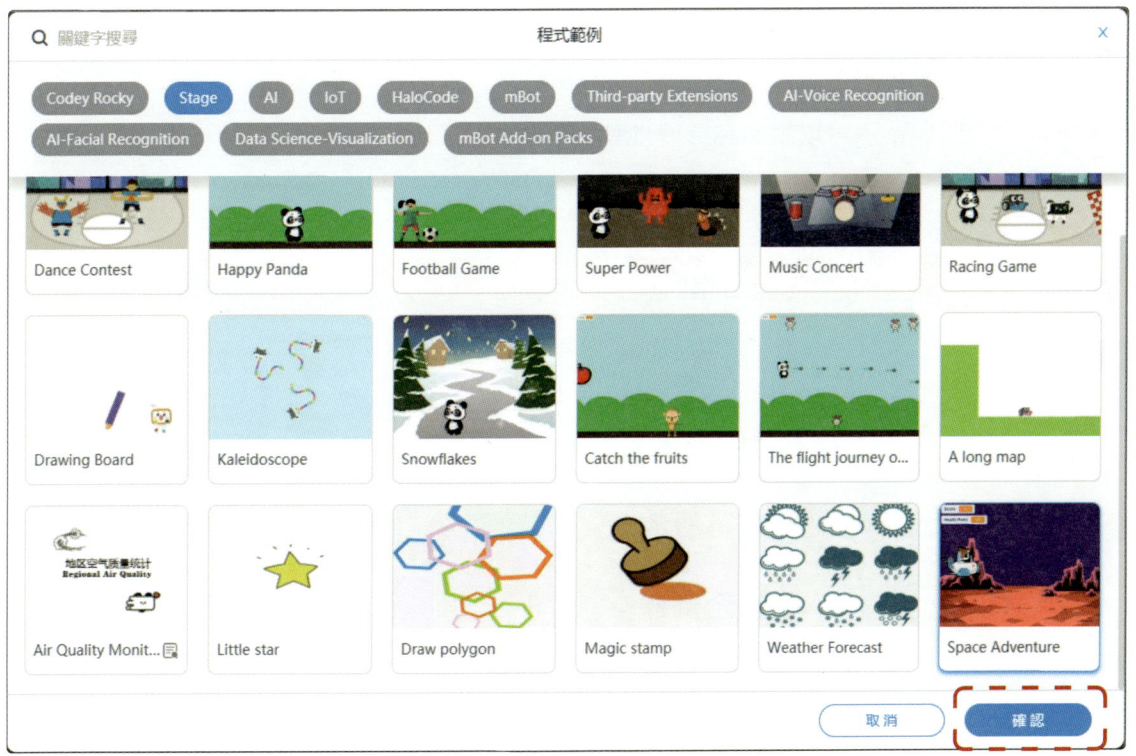

Step2. 執行程式

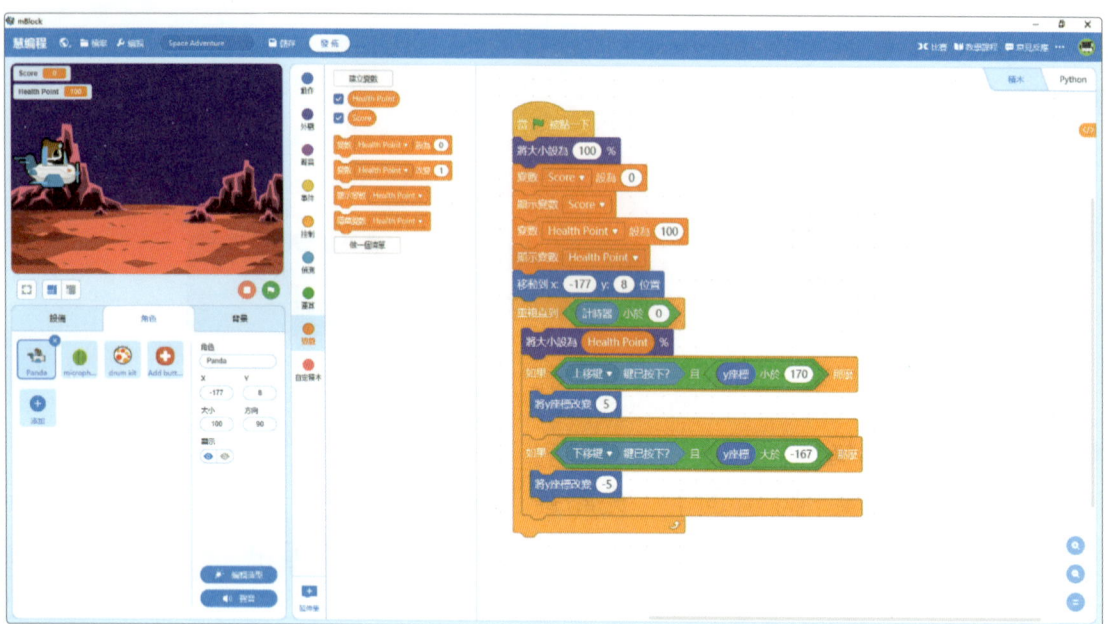

提示：下表中的四個圖示可以說明你更好地執行程式。

圖示	名稱	功能
🏁	綠旗	啟動程式
⬛	停止	停止程式
⛶	全螢幕顯示	將顯示效果放大到全螢幕
⛶	退出全螢幕	退出全螢幕顯示效果

③ 認識 mBlock 5 介面

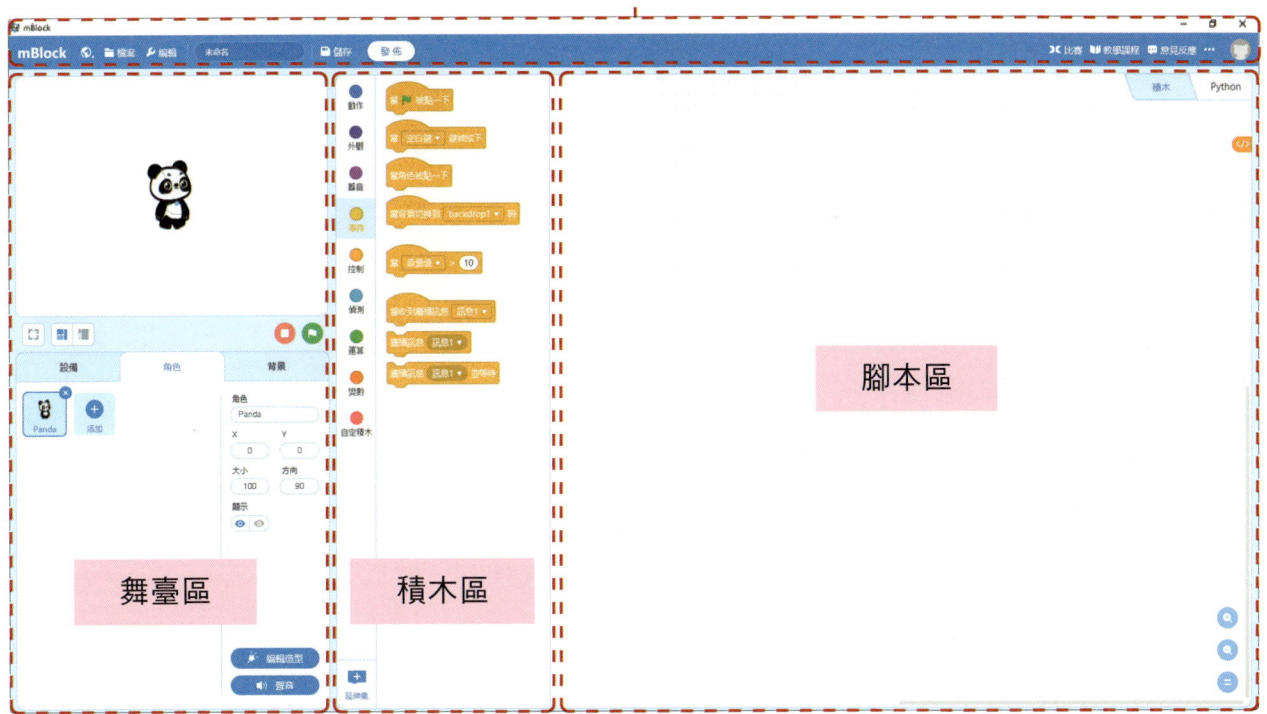

• mBlock 5 軟體界分區面

區域	功能
功能表列	選擇語言；新專案、我的專案或者儲存檔；找到程式範例、幫助等。
舞臺區	呈現作品效果的地方；進行角色設置與背景設置；進行硬體連接。
積木區	提供程式設計所需的積木，即具體的指令。可以按照分類及顏色查找需要的積木。
腳本區	程式的編寫區域。將積木拖放在這個區域，按照一定順序排列，即組成了程式，可以控制舞臺區的表演。

❹ 程式設計實戰

Step1. 在功能表列找到「檔案 📁檔案」，選中「新建專案 新建專案」並按一下滑鼠左鍵，在彈出的的視窗點擊「不要儲存 不要儲存」，這樣就新建一個新的檔案。

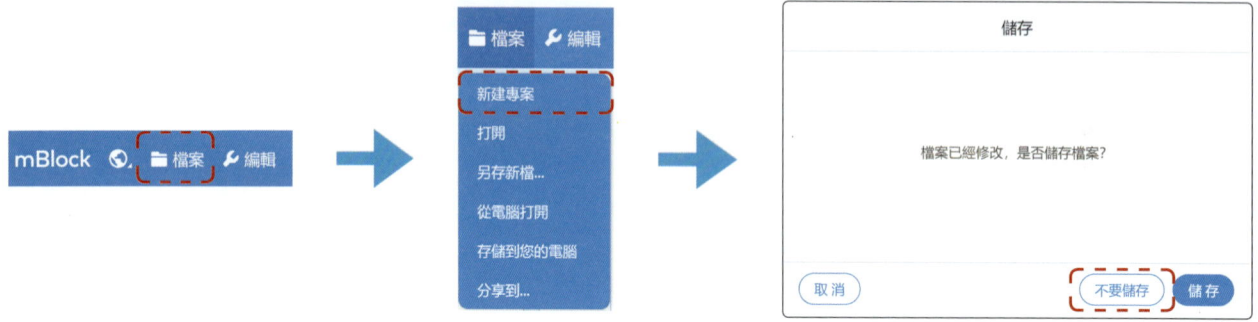

Step2. 在舞臺區下方點擊「角色」，確定是在角色下進行操作，否則將找不到對應積木塊。這裡出現的角色都會在舞臺中顯示。

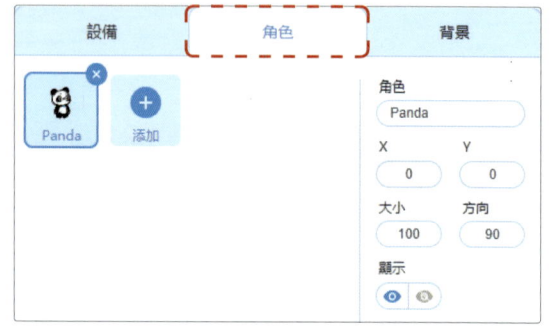

Step3. 從積木區找到並選中「事件 🟡事件」，找到「當綠旗被點一下 當🏁被點一下」，用滑鼠左鍵按住不放，移動滑鼠，將它拖到腳本區後鬆開。

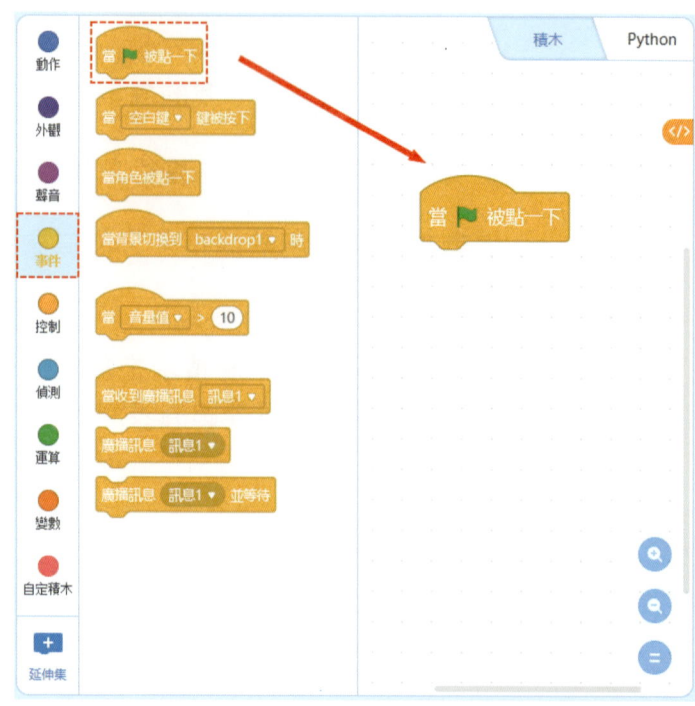

第 0 課　mBlock 5 初體驗

Step4. 從積木區找到並選中「動作」，找到「移動 10 步」，拖拽到腳本區，卡合在「當綠旗被點一下」拼接在下面。

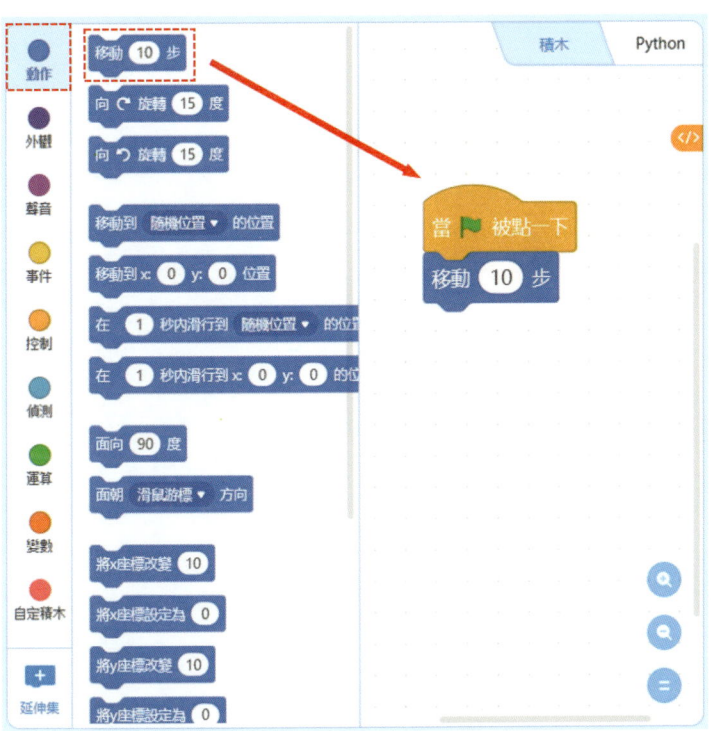

Step5. 點擊「綠旗」運行程式，觀察舞臺動畫效果。

7

第 1 課

噪音監測儀

知識小百科 — 數據

當今時代被稱為數位時代或資訊時代，資訊和知識與人類的生活密切相關。在我們周遭存在著各種資訊，如電子手錶上顯示的日期和時間、體育課所測量的各種運動成績等。除了數位資訊以外，還有文字、圖形、圖像、聲音和影像等形式呈現。我們的名字、詩人創作的詩句、奧運會的主題曲、運動會的宣傳影片等，這些也都是資訊。

有些資訊是固定不變的。例如，不管圓有多大，圓周率都是 π；一個標準大氣壓下，冰水混合物的溫度是 0℃。

有些資訊是不斷變化的。例如，家裡每天的用水量、每天的氣溫等。

有些資訊是隨機出現的。例如，拋硬幣是正面向上，還是反面向上。

仔細觀察會發現：資訊是一直在不斷地影響和改變著你的生活。

項目分析

資訊是隨時存在於生活當中。一台利用資訊所製作的「**噪音監測儀**」可以幫助我們檢測周圍聲音大小，提醒他人在公眾場合要注意避免大聲喧嘩。

以下是「**噪音監測儀**」項目功能分析圖，請仔細觀察，並完成這次的項目任務。程式撰寫完成後，切換成上傳模式，上傳程式到 CyberPi 執行功能。

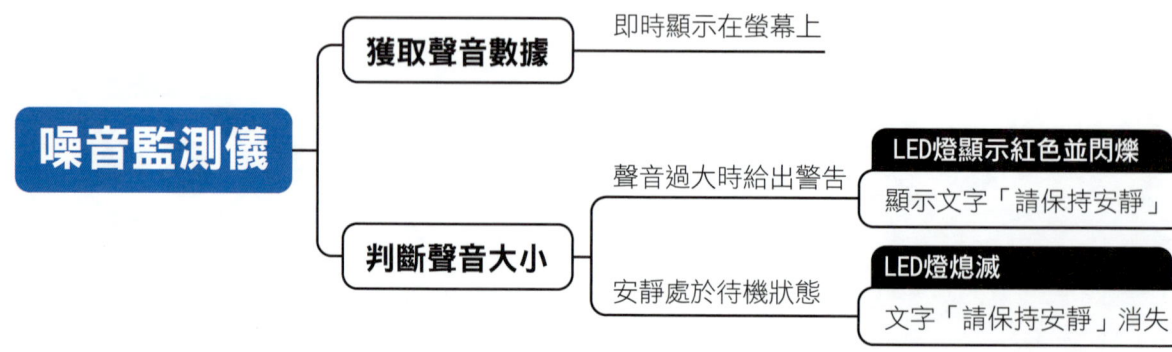

程式設計錦囊

1 CyberPi 編程學習遊戲機

CyberPi 是一款可程式設計的微型電腦。它集結了全彩液晶螢幕、光線感測器、LED 燈、喇叭、Wi-Fi、藍牙、陀螺儀加速度計、按鍵和搖桿等多元化的電子模組。

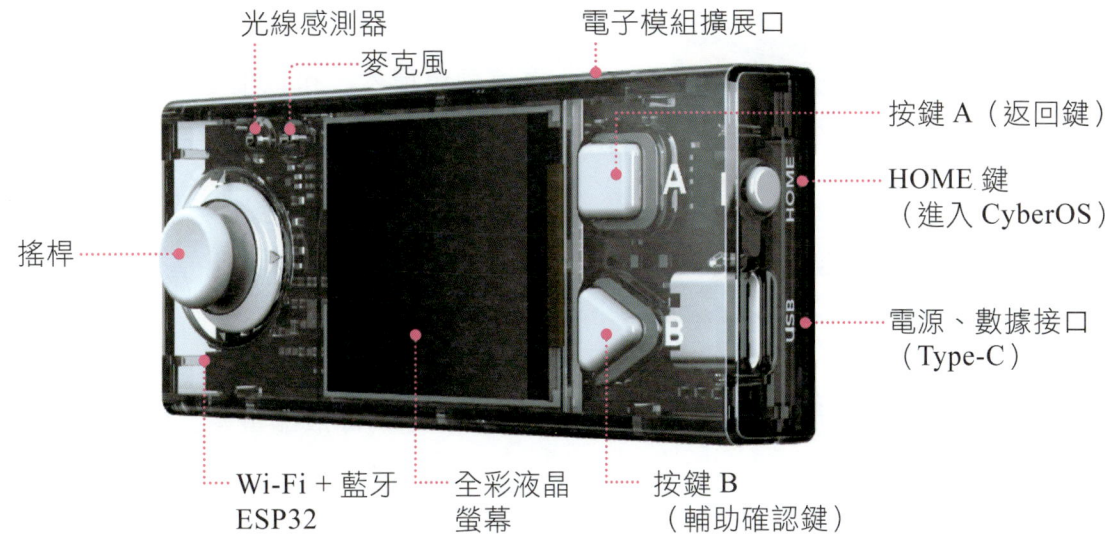

2 程式設計準備

Step 1 打開 mBlock 5 圖形化程式設計軟體，進入設備區，添加設備「CyberPi」。

Step 2 連接 mBlock 5 軟體和電腦，將連接模式選擇為「即時模式」。

Step 3 進入設備中「CyberPi」的程式編輯頁面，準備進行程式編寫。

3 顯示聲音大小

利用 CyberPi 上的聲音感測器獲取周圍環境音的大小，勾選「偵測」類的「音量值」積木，即可在舞臺上看見聲音的響度值。

為實現「在液晶螢幕上顯示聲音大小」的效果，需要用到的顯示積木如下表。

積木區	積木	功能
顯示	設定畫筆顏色	畫筆顏色積木。可以滑動不同的顏色條，自訂畫筆顏色，確定液晶螢幕上的內容顏色。
	顯示 makeblock 並換行	內容顯示積木。可以在液晶螢幕上顯示自訂的內容。
	清空畫面	清除積木。清除液晶螢幕上已有的內容。

範例 1

可透過滑動「飽和度」的進度條，將「飽和度」設為 0，將 CyberPi 燈光顏色調整為白色。

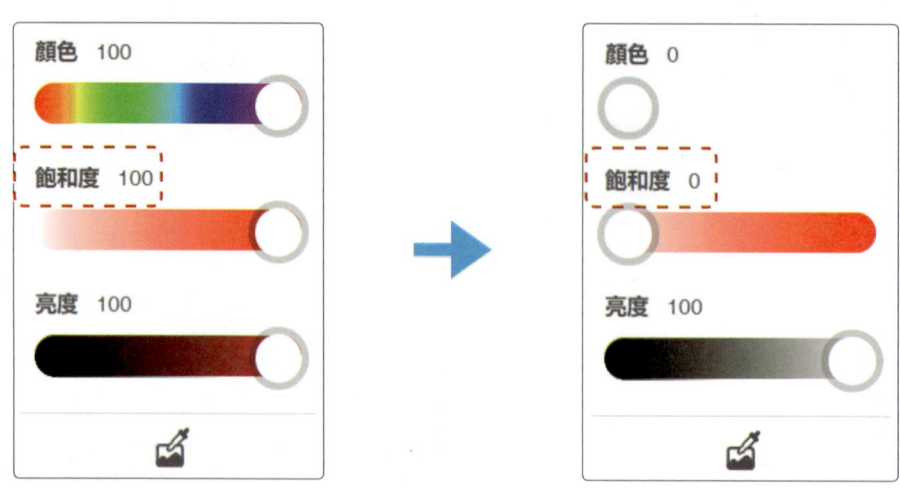

範例 2

將每次檢測到的響度顯示在液晶螢幕上。

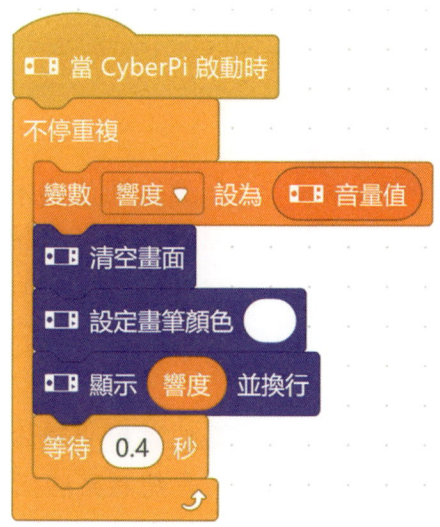

提示：① 每次呈現內容之前，把液晶螢幕上已有內容清空，可以更好地呈現資訊。
　　　② 需要自行建立變數「響度」。

❹ 是否發出警告

使用「廣播訊息並等待」積木來廣播警告資訊。

積木區	積木	功能
事件	廣播訊息 警告▼ 並等待	廣播訊息，等待接收廣播訊息的程式執行完畢後，方可執行後續指令。訊息名稱需要自行新增。

範例 3

設計當響度大於 40 時，發出警告，並等待警告完成。

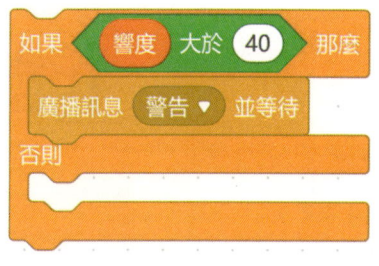

用 mBlock 玩 CyberPi 編程學習遊戲機─含遊戲機範例

⑤ 設定燈光顏色

和畫筆顏色一樣，透過滑動燈光「顏色」、「飽和度」和「亮度」三個不同的進度條，進行燈光顏色效果設計。

積木區	積木	功能
LED	LED 所有 顯示	燈光顏色積木。可以滑動不同的顏色條，自訂燈光的顏色，也可以選擇亮起全部還是指定的燈光。
LED	LED 所有 熄燈	熄滅燈光積木。可以選擇熄滅所有燈光還是熄滅某些指定的燈光。

範例 4

LED 燈等待閃爍紅色燈光效果。

完整程式

CyberPi 程式

小試身手

選擇題

_____ 1. 以下哪一組積木是屬於警告狀態的設定？

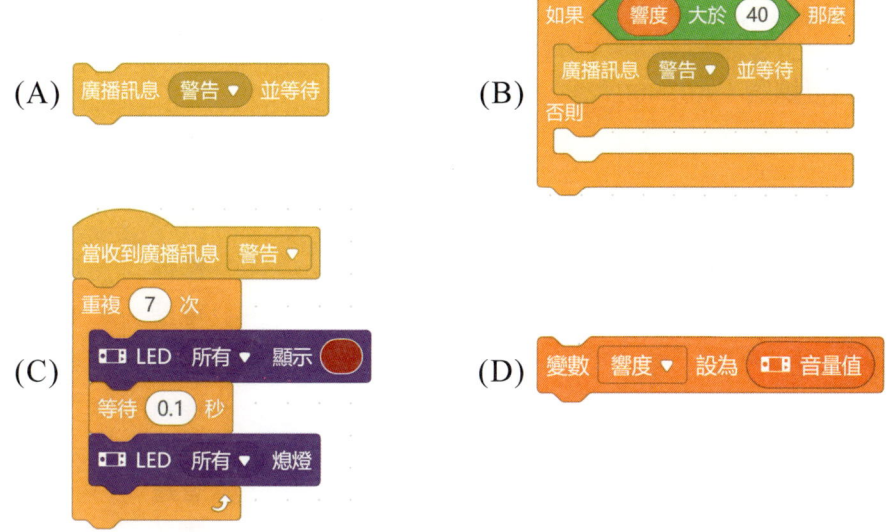

_____ 2. 以下哪一種是屬於資料？

(A) 小明的身高　(B) 小紅的成績　(C) 小劉的生日禮物　(D) 以上皆是。

填充題

請根據這次的學習過程，將下面的思維導圖完整填入答案。

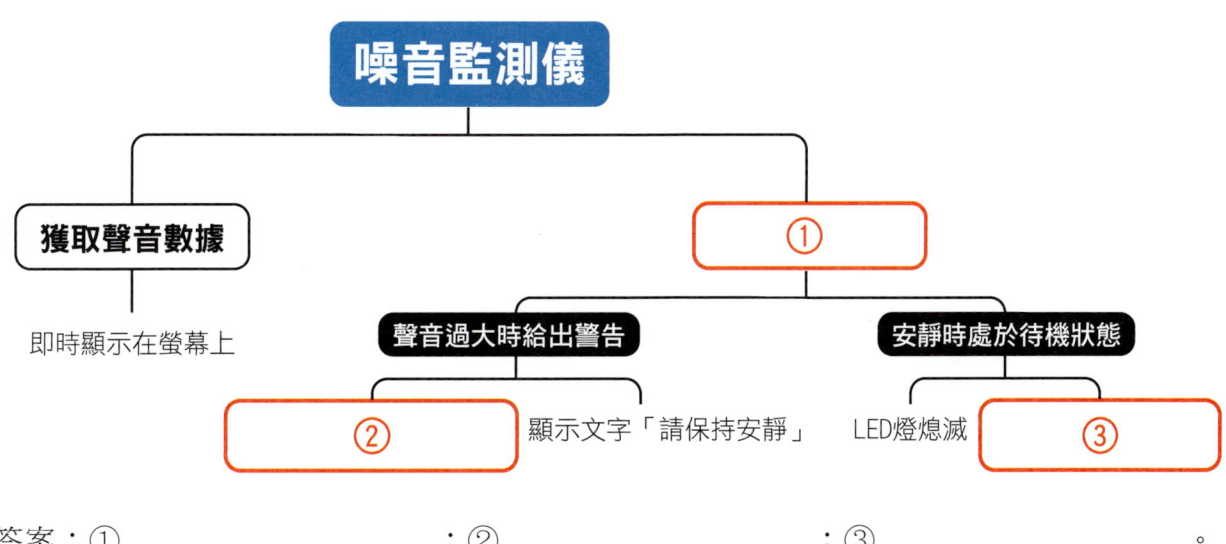

答案：①_____；②_____；③_____。

第 1 課 ｜ 實作題

題目名稱：噪音監測儀

15 mins

題目說明：請做出一個噪音監測儀，當 CyberPi 檢測到響度時，能在液晶螢幕上顯示響度值，當響度大於 40 時，發出警告。

創客題目編號：A035001

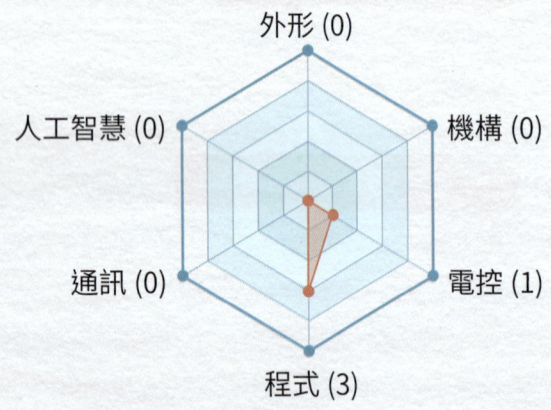

・創客指標・

外形	0
機構	0
電控	1
程式	3
通訊	0
人工智慧	0
創客總數	4

知識能量站

噪音

　　噪音是一種引起人們煩躁、或者音量過強會危害人體健康的聲音。可以用分貝（dB）來度量聲音的強度。一般來說，分貝值越大，噪音越強，對人體的傷害就越高。

　　從環境保護的角度講：凡是妨礙人們正常休息、學習和工作的聲音，以及對人們要聽的聲音產生干擾的聲音，都屬於噪音。

　　從物理學的角度講：發聲體做無規則振動時發出的聲音都屬於噪音。

● 美國噪音自測分貝表

1 分貝	剛能聽到的聲音
15 分貝以下	感覺安靜
30 分貝	耳語的音量大小
40 分貝	冰箱的嗡嗡聲
60 分貝	正常交談的聲音
70 分貝	相當於走在鬧市區
85 分貝	汽車穿梭的馬路上
95 分貝	摩托車啟動聲音
100 分貝	裝修電鑽的聲音
110 分貝	卡拉 OK、大聲播放 MP3 的聲音
120 分貝	飛機起飛時的聲音
150 分貝	燃放煙花爆竹的聲音

資料來源：中國知網

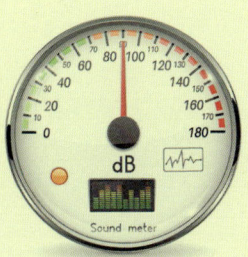

第 2 課

光影音量柱

知識小百科 — 數據視覺化

數據視覺化是建立在資料獲取和資料分析的基礎上進行的。利用數據視覺化，可以借助圖形化方法，更好地呈現資訊特點，能夠清晰有效地傳達與溝通資訊，提高對資訊的認知。

數據視覺化與資訊圖形、資訊視覺化、科學視覺化以及統計圖形密切相關。常用的「數據視覺化」呈現方式包括：折線圖、柱狀圖、圓餅圖、雷達圖、散點圖、樹狀圖、氣泡地圖等。

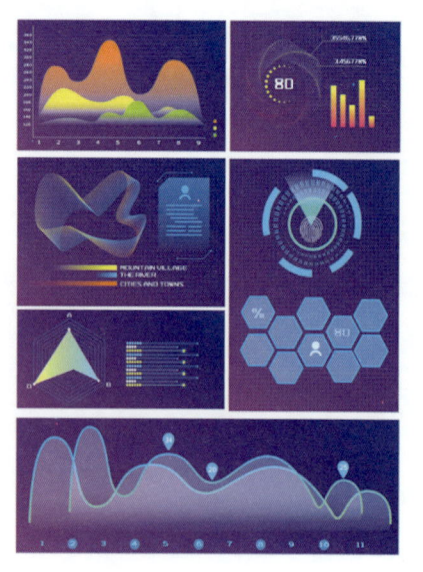

項目分析

借助「數據視覺化」帶來的靈感，我們可以透過 CyberPi 編程學習遊戲機，製作一個「**光影音量柱**」，將聲音大小用圖表表現出來，藉由聲、光、電進行結合，呈現出精美的視覺效果。

以下是「**光影音量柱**」專案功能分析圖，請仔細觀察，並完成這次的項目任務。程式撰寫完成後，切換成上傳模式，上傳程式到 CyberPi 執行功能。

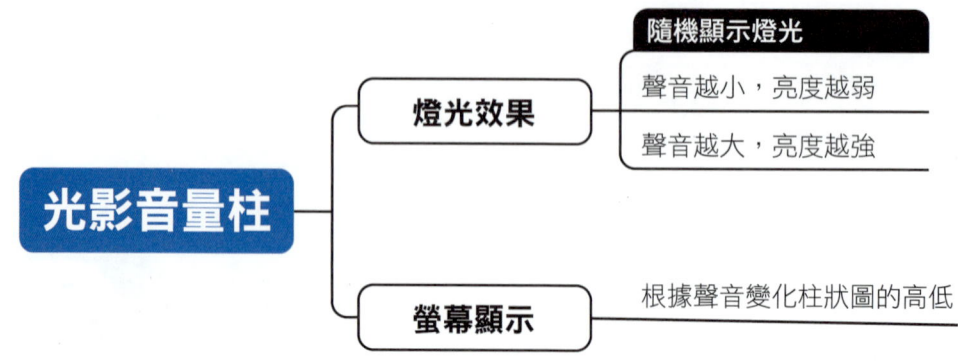

第 2 課　光影音量柱

程式設計錦囊

① 設計燈光效果

透過設定紅（R）、綠（G）、藍（B）三個不同的顏色數值和亮度大小，可以設計燈光的整體呈現效果。

積木區	積木	功能
LED	 LED 所有▼ 顯示紅 255 綠 0 藍 0	燈光顯示積木。可以透過自訂紅、綠、藍三個數值，設計每個 LED 燈或者全部 LED 燈的顏色效果。紅、綠、藍三個燈光數值為 0～255，數值越大，顏色越深。
	 LED 設定亮度為 100 %	燈光亮度積木。可以自訂燈光的亮度，範圍為：0～100。數值越大，亮度越強；數值越小，亮度越弱。

範例 1

隨機方塊在運算類別中，設計隨機顯示燈光顏色，亮度為 40%。

② 設定螢幕顯示

可以透過「繪製圖表」的形式，在液晶螢幕中呈現出音量大小的不同效果。

積木區	積木	功能
顯示	 柱狀圖，新增數據 50	柱狀圖繪製積木。可以自訂柱狀圖的內容，並在液晶螢幕上顯示。

提示：① 若需要繪製多條柱狀圖，則可以多次添加積木  設定畫筆顏色，紅 255 綠 255 藍 255 或  設定畫筆顏色 。
② 可以透過設定每個柱狀圖的畫筆顏色，來區分不同內容。

範例 2

在液晶螢幕上顯示三條顏色不一樣的柱狀圖，分別表示：50，50，50。

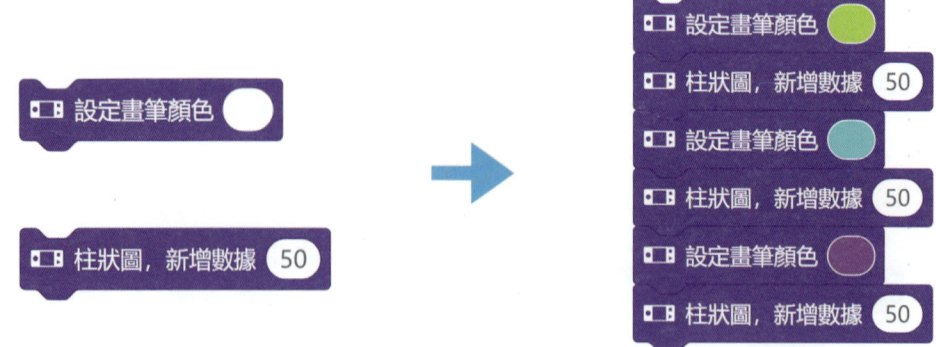

❸ 動態音量柱

Step1. 依次在液晶螢幕上顯示一條和兩條表示聲音大小的音量柱。

Step2. 在液晶螢幕的顯示幕上顯示高低不同的音量柱。

範例 3

在液晶螢幕上顯示四條高低不同的音量柱。

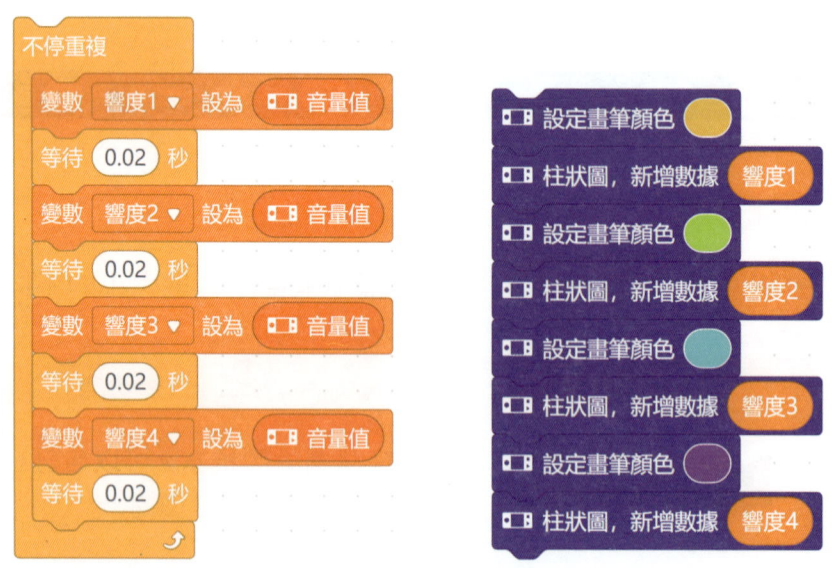

提示：① 須建立四個變數：響度1、響度2、響度3、響度4。
　　　② 透過設定不同的變數獲取不同時刻的聲音大小。
　　　③ 在柱狀圖上添加不同的響度變數，在液晶螢幕上呈現出來高低不同音量柱的效果。

第 2 課　光影音量柱

▶ 完整程式

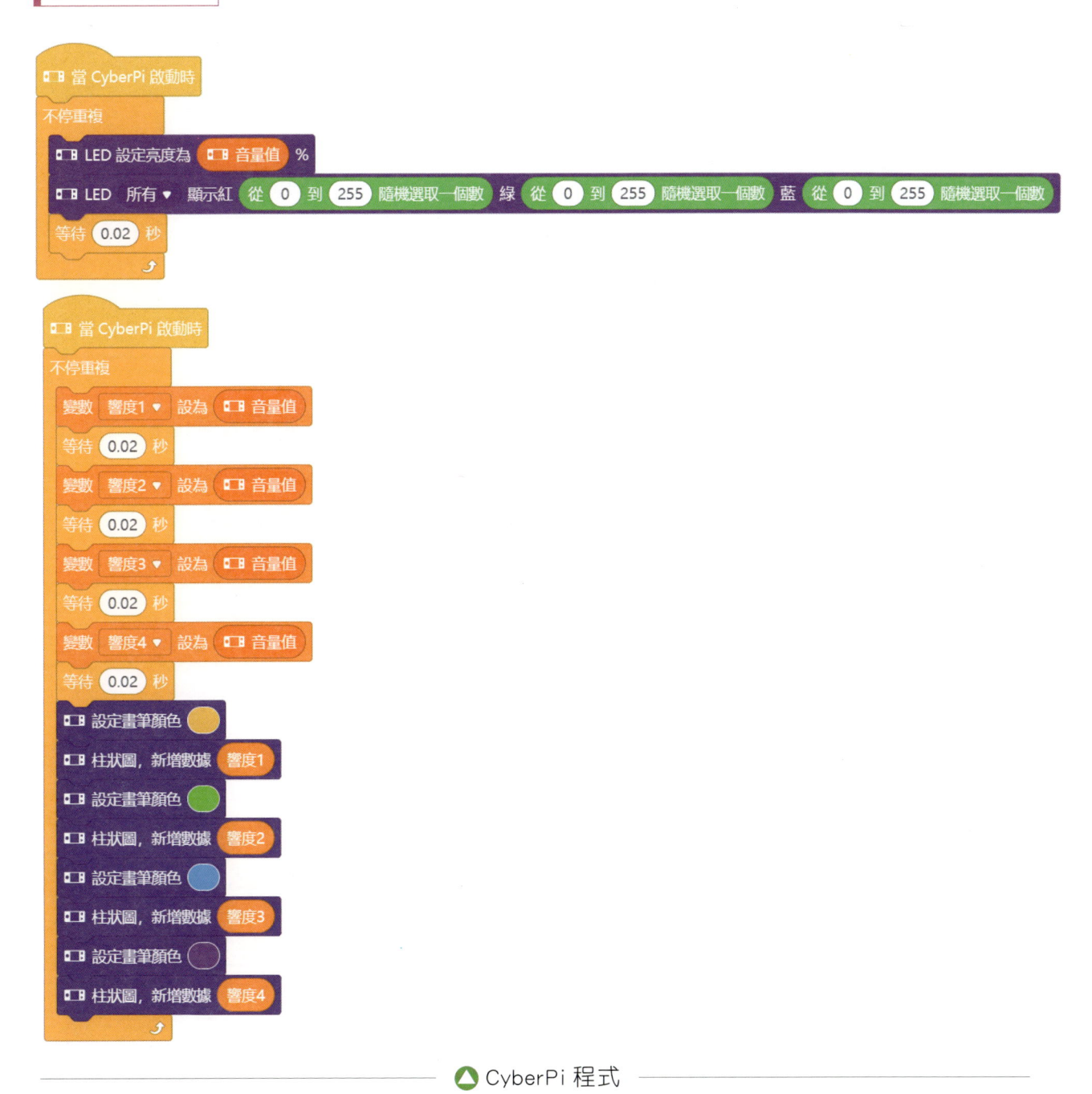

```
當 CyberPi 啟動時
不停重複
    LED 設定亮度為 [音量值] %
    LED 所有▼ 顯示紅 [從 0 到 255 隨機選取一個數] 綠 [從 0 到 255 隨機選取一個數] 藍 [從 0 到 255 隨機選取一個數]
    等待 0.02 秒
```

```
當 CyberPi 啟動時
不停重複
    變數 響度1▼ 設為 [音量值]
    等待 0.02 秒
    變數 響度2▼ 設為 [音量值]
    等待 0.02 秒
    變數 響度3▼ 設為 [音量值]
    等待 0.02 秒
    變數 響度4▼ 設為 [音量值]
    等待 0.02 秒
    設定畫筆顏色 ⬤(橙)
    柱狀圖，新增數據 [響度1]
    設定畫筆顏色 ⬤(綠)
    柱狀圖，新增數據 [響度2]
    設定畫筆顏色 ⬤(藍)
    柱狀圖，新增數據 [響度3]
    設定畫筆顏色 ⬤(紫)
    柱狀圖，新增數據 [響度4]
```

△ CyberPi 程式

小試身手

🌵 選擇題

_____ 1.「光影音量柱」中的聲音大小在液晶螢幕中該如何呈現？
   (A) 不同顏色柱狀圖的高低變化
   (B) 不同的圖案的切換變化
   (C) 不同顏色折線圖的高低變化
   (D) 音樂播放的節奏。

_____ 2. 以下哪種說法是錯誤的？
   (A) 在節目表演中，可以透過聲音去控制舞臺燈光和大螢幕的變化
   (B) 在節目表演中，不能透過聲音去控制舞臺燈光和大螢幕的變化
   (B) 在節目表演中，可以透過程式設計去控制舞臺的整體呈現效果
   (B) 在節目表演中，舞臺的整體呈現越好，節目的表達效果可能越好。

🌸 填充題

根據這次的學習過程，將下面的思維導圖完整填入答案。

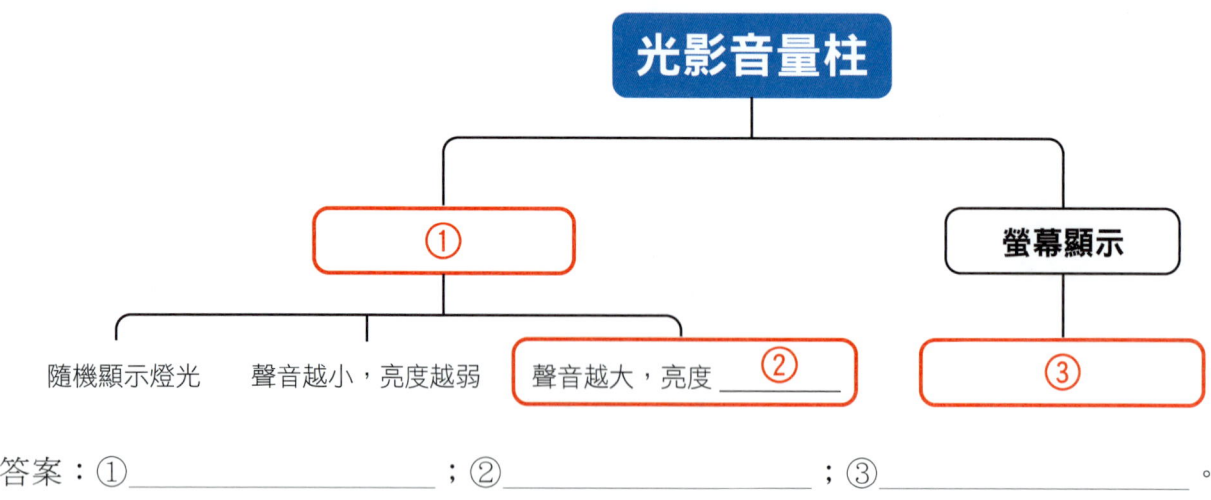

答案：①_____；②_____；③_____。

第 2 課 ｜ 實作題

題目名稱：光影音量柱

題目說明： 請使用數據視覺化功能，當 CyberPi 檢測到聲音時透過 LED 燈依照音量大小更改亮度與顏色，並在螢幕上顯示柱狀圖。

創客題目編號：A035002

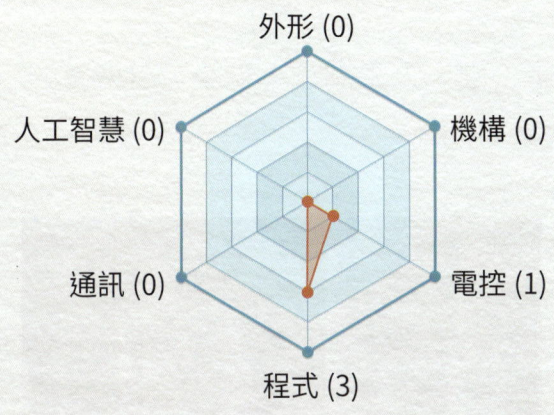

創客指標	
外形	0
機構	0
電控	1
程式	3
通訊	0
人工智慧	0
創客總數	4

知識能量站

音樂噴泉

　　音樂噴泉是在電腦程式控制噴泉的基礎上，加入了音樂控制系統，實現音樂、水和燈光氣氛的統一。使噴泉的造型及燈光變化與音樂保持同步，從而達到噴泉水型、燈光及色彩的變化與音樂的情緒完美結合，使噴泉表演可以更加生動、更加富有內涵。

　　音樂噴泉主要應用於大型廣場、主題公園、人工湖泊、遊樂場等表演場所。著名的音樂噴泉：

● 杜拜音樂噴泉：世界最大音樂噴泉

● 洛陽音樂噴泉：亞洲第一大音樂噴泉

● 海上世界音樂噴泉

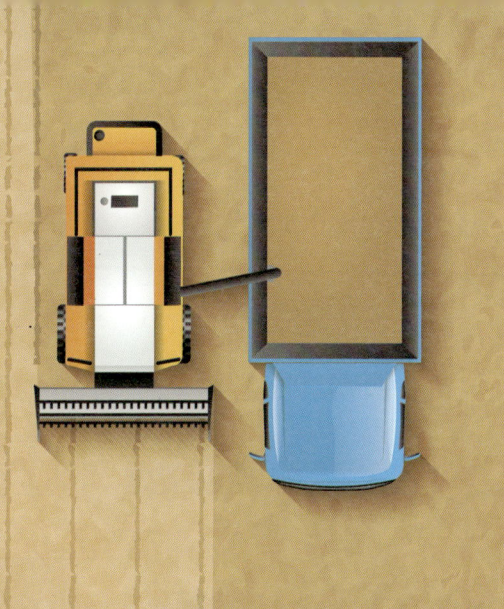

第 3 課

超級體溫表

知識小百科 — 資料圖表

資料圖表可以方便地查看資料的差異和預測趨勢，使資料的比較或變化趨勢變得一目了然，有助於快速、有效地表達資料關係，對研究物件做出合理的推斷和預測。

常用的圖表類型有：柱狀圖、折線圖、圓餅圖、橫條圖、雷達圖等。

- **柱狀圖**：適用於比較資料之間的多少。
- **折線圖**：適用於反應一組資料的變化趨勢。
- **圓餅圖**：適用於反應相關資料之間的比例關係。
- **橫條圖**：適用於顯示各個專案之間的比較情況，和柱狀圖作用類似。
- **雷達圖**：適用於多維資料，且每個維度必須可以排序。

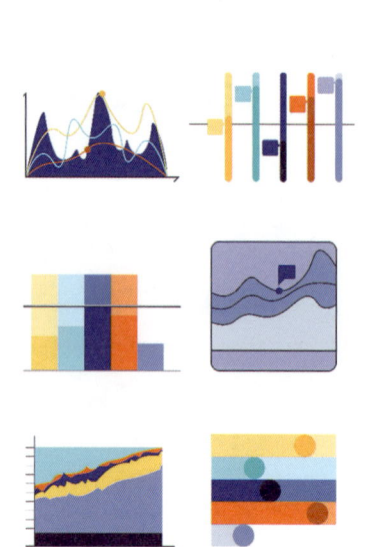

項目分析

採集近一百年的地球平均溫度，透過資料圖表製作一個**「超級體溫表」**，將近一百年的的溫度變化顯性地呈現出來，加強對資料的認識和理解。

以下是**「超級體溫表」**項目功能分析圖，請仔細觀察，並完成這次的項目任務。此功能僅需使用 mBlock 5 軟體即可操作，點選綠色旗子開始程式。

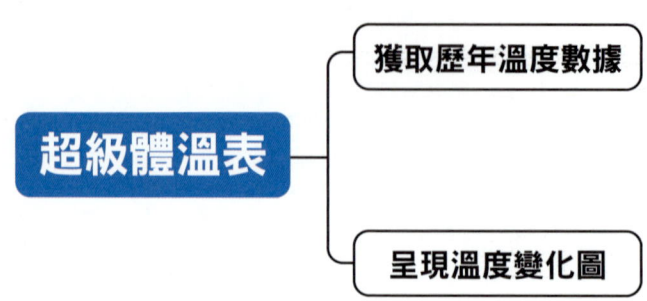

第 3 課　超級體溫表

程式設計錦囊

1 獲取溫度資料 |角色端|

透過清單進行資料匯入，可以獲取近一百年的溫度資料。

積木區	積木	功能
變數	做一個清單	點擊，創建新的清單。
	☑ 平均上升溫度	顯示清單積木。勾選前面的方框，即可在舞臺區顯示對應的清單資訊。
	清單 氣溫▼ 的資料數量	清單長度的積木。需要嵌套在其它積木中使用，即可獲取對應清單的長度。例如：清單中有 100 項資料，則清單的專案數為 100。
	清單 氣溫▼ 的第 1 項資料	獲取清單指定位置資料的積木。可以更改數值，以獲取清單中對應位置的資料。例如：數值為 5，則可獲取到清單中第 5 項的資料值。

範例 1

新增「年份」列表，並從電腦中把 1916 ～ 2015 年的年份資料以及氣溫資料匯入到清單中。

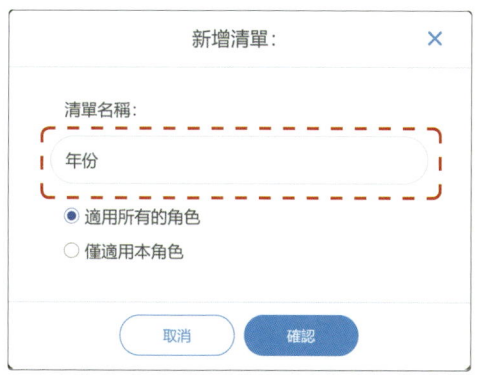 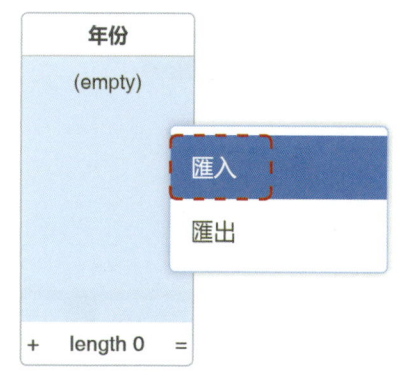 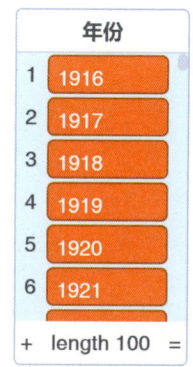

提示：相關資料請至本書提供的範例程式資料夾中下載。

❷ 呈現溫度變化

要呈現「圖表」則需要用到延伸集中擴展模組「資料圖表」中的「資料圖表」積木。

積木區	積木	功能
資料圖表	將圖表類型設定為 表▼	圖表類型積木。可以選擇設定目標資料的圖表生成類型，類型包括：表、折線圖、橫條圖、雙軸圖或圓形圖。
	設定圖表標題 untitled	圖表標題積木。可以自訂圖表的名稱，屬於圖表三要素之一。
	設定軸名稱：X date Y temperature/ ℃	圖表座標積木。可以自訂圖表的 X 軸（橫軸）和 Y 軸（縱軸）的軸座標名稱，屬於圖表三要素之一。
	打開資料圖表視窗	打開積木。在 mBlock 5 中打開圖表的繪製視窗。
	關閉資料圖表視窗	關閉積木。關閉 mBlock 5 中的圖表視窗。
	清除數據	清除積木。清除圖表中已有的資料內容。
	輸入資料到 indoor ：X monday Y 15	資料登錄積木。可以自訂需要資料的名稱，以及 X 軸（橫軸）和 Y 軸（縱軸）的資料內容。

第 **3** 課　超級體溫表

範例 2

繪製一個折線圖，圖表名稱為「全球氣溫變化趨勢圖」，X 軸（橫軸）代表年份，Y 軸（縱軸）代表溫度。

> 提示：① 為了確保圖表中資料的準確性，需要每次先清除圖表資料，再設定圖表格式，最後打開新的圖表視窗。
> ② 需要獲取 X 軸（橫軸）和 Y 軸（縱軸）的資料，才能繪製出靶心圖表。
> ③ 建立變數序號。

③ 切換圖表類型

可以透過圖表類型積木，設定圖示的呈現結果；也可以在圖表呈現後，切換圖表類型。

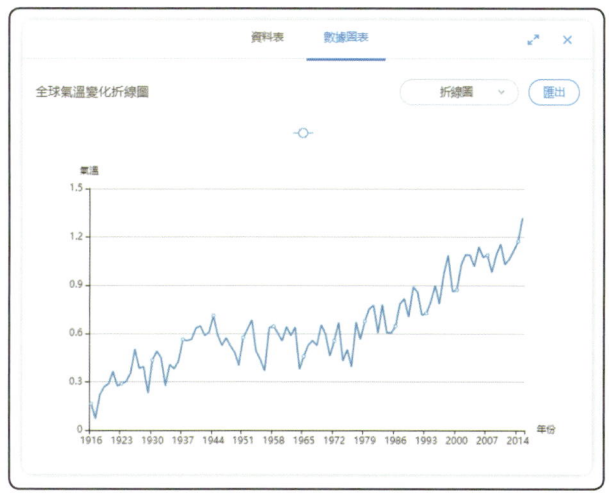
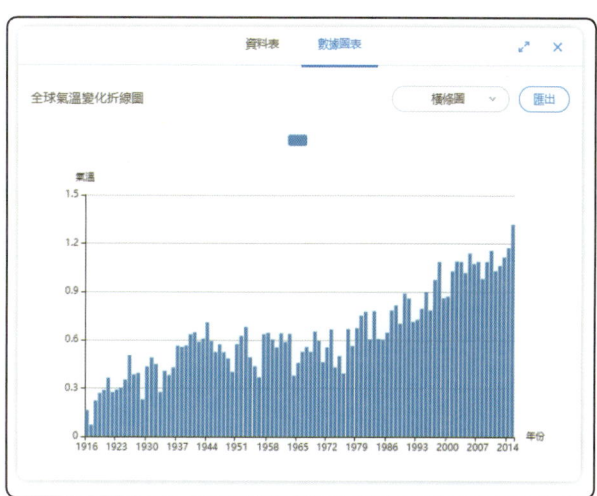

折線圖：可以表示數量的多少，能夠顯示資料的變化趨勢，反應事物的變化情況。

橫條圖：可以清楚地表明各種數量的多少。

完整程式

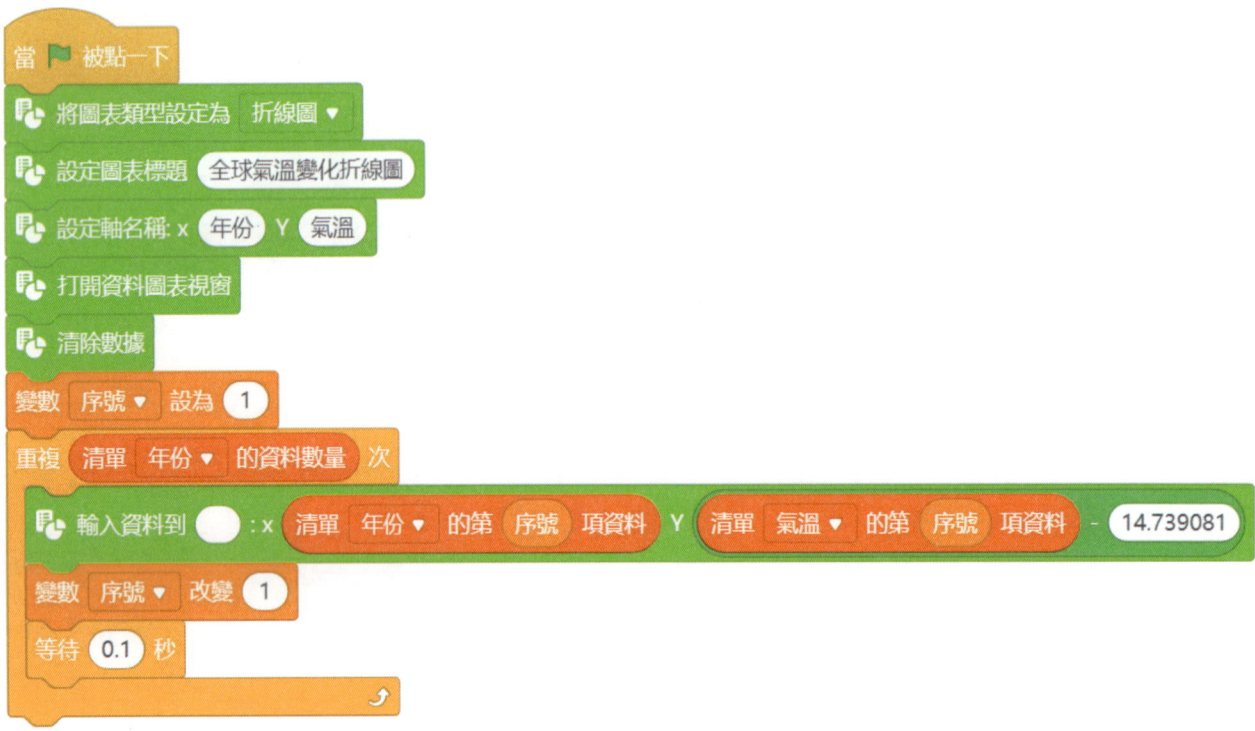

角色端程式

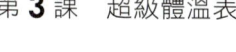

小試身手

選擇題

_____ 1. 以下關於「全球變暖」的說法正確的是？
   (A)「全球變暖」是一個正常現象，無需緊張
   (B)「全球變暖」會影響到海洋生物，對陸地生物沒有影響
   (C)「全球變暖」跟水資源汙染無關
   (D)「全球變暖」指的是地球平均溫度在不斷地上升。

_____ 2. 以下哪種圖形可以比較好地呈現出近一周的天氣情況？
   (A) 扇形圖　(B) 折線圖　(C) 雷達圖　(D) 橫條圖。

填充題

根據這次的學習過程，將下面的思維導圖完整填入答案。

```
         超級體溫表
        /          \
  [            ]    呈現溫度變化圖
```

答案：_____。

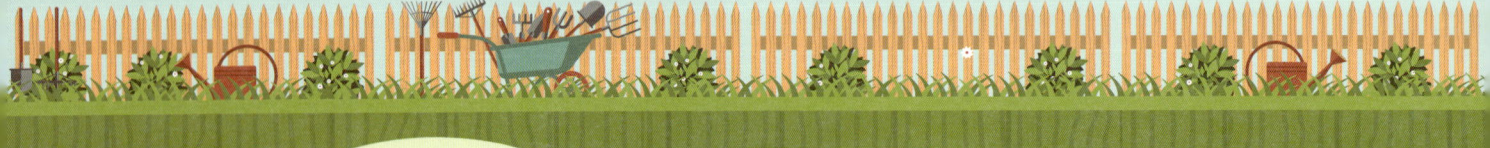

知識能量站

全球氣候變暖

　　導致全球氣候變暖的原因可能是有多方面的，其中最為主要的有兩方面，一是人類在工業革命以來，人類大量使用煤炭、石油等化石燃料，從而向大氣中排放大量的二氧化碳等溫室氣體。二是人類對於地球植被的破壞，特別是能夠進行光合作用吸收二氧化碳的大量森林被破壞，減少了植被對於二氧化碳的吸收。

　　全球氣候變暖帶來的影響：全球氣溫升高、海平面上升、冰川融化、極端氣候現象增加、全球性疾病增加、生物多樣性減少等。

　　應對全球氣候變暖，可以從以下方面採取措施：

1. 保護環境，植樹造林，擴大全球森林植被覆蓋面積。
2. 改善能源結構，發展低碳能源及可再生能源。
3. 推進技術進步，提高能源利用效率。
4. 加大氣候變化教育與宣傳力度，宣導全民進行「節能減排」的低碳生活。

第 4 課

班級雲投票

知識小百科 — 區域網路

區域網路分布範圍可大可小，大到相鄰建築之間的連接，小到教室內的聯繫。透過區域網路連接個人電腦和其他電子設備，能夠使它們共用資源，傳遞和交換資訊。

區域網路包括無線區域網路和有線區域網路兩種。

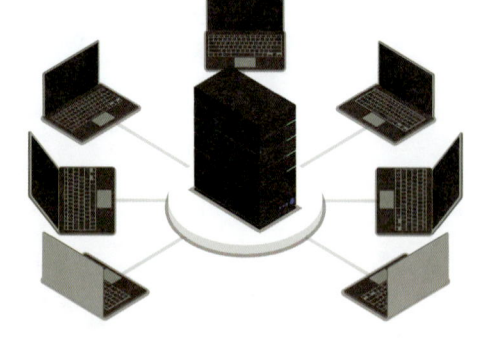

- **無線區域網路**：簡稱 WLAN，廣泛應用於各式各樣的學校、商場、公司、高鐵和家庭中。當前使用最廣泛的 Wi-Fi，就屬於無線區域網路。
- **有線區域網路**：簡稱 LAN，需要使用銅線、光纖等各種不同的傳輸技術，透過布線將不同設備連接起來。相對於無線區域網路，有線區域網路的傳送速率和穩定性要優於無線區域網路。

項目分析

用 CyberPi 編程學習遊戲機建立一個教室內的區域網路，讓所有同學一起參加「**班級雲投票**」的投票活動，票選出全班同學最喜歡的一首歌曲。

以下是「**班級雲投票**」項目功能分析圖，請仔細觀察，並完成這次的項目任務。在此需要兩台以上的 CyberPi 進行操作，一台為發起方（CyberPi 1），其他為投票方（CyberPi 2），程式撰寫完成後，切換成上傳模式，上傳程式到 CyberPi 執行功能。

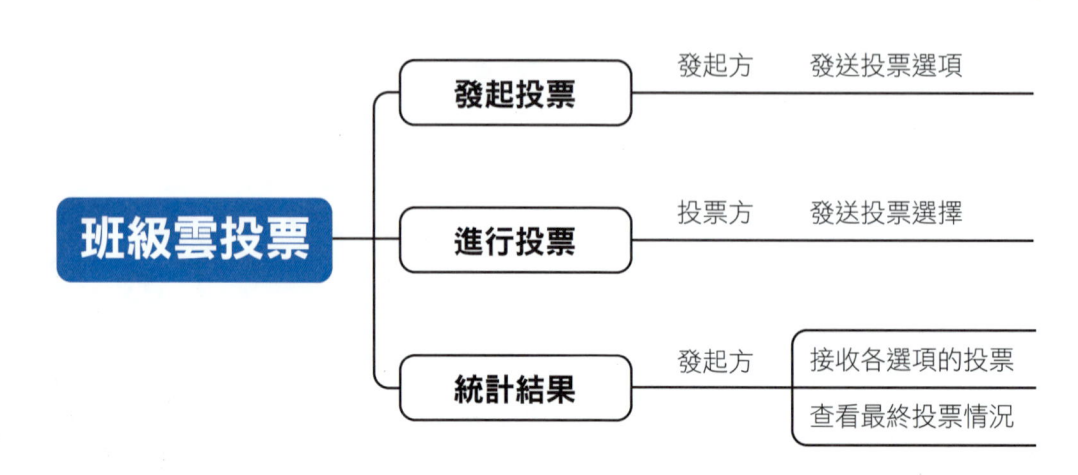

班級雲投票			
	發起投票	發起方	發送投票選項
	進行投票	投票方	發送投票選擇
	統計結果	發起方	接收各選項的投票
			查看最終投票情況

程式設計錦囊

1 設定發起方和投票方

為區分發起方與投票方的程式，需要添加 2 個不同的「CyberPi」設備，設為上傳模式，分別用於編寫發起方、投票方的程式。例如：可以把「CyberPi 1」設為投票發起方，把「CyberPi 2」設為投票方。

2 發起方發起投票 |設備：CyberPi 1|

要在不同的 CyberPi 之間進行通信，需要用到區域網路廣播訊息。

積木區	積木	功能
區域網路	 在區域網路上廣播 message	發送區域網路廣播，廣播名稱可自訂。

範例 1

發起方透過區域網路廣播，發出開始選擇訊息，並透過文字、燈光來提示「選項已發送，可以開始投票」。

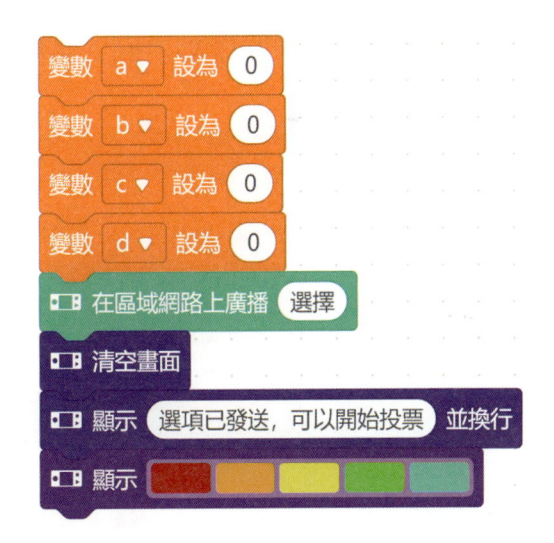

提示：① 在設定投票選項時，需要建立不同的變數，用於記錄每個選項的最終得票數，並將各變數初始值設為 0。
② 在區域網路功能上，每個 CyberPi 需要連接相同的 Wi-Fi 網路空間，才能正常操作。

3 投票方進行投票 |設備：CyberPi 2|

收到發起投票的區域網路廣播後，方可進行投票；投票時，需要透過區域網路廣播發送投票選擇。

積木區	積木	功能
區域網路	當接收區域網路 message 廣播時	當接收到區域網路廣播時，執行後續腳本。需要正確設定待接收的廣播名稱。
	在區域網路上廣播 message 及 1 值	透過區域網路廣播訊息發送資料。可自訂廣播訊息名，並設定資料。資料內容可以是數值或英文。

範例 2

投票方收到區域網路廣播訊息「投票」後，亮起燈光，透過文字提示選擇操作方法。

可以透過是否撥動搖桿，判斷是否完成投票；同時可以透過搖桿的撥動方向，判斷提交的選項。

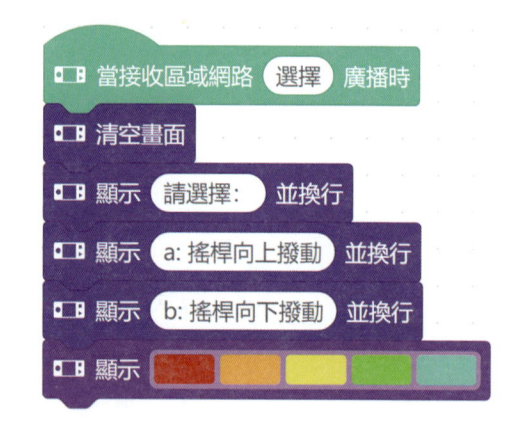

積木區	積木	功能
偵測	搖桿 中間按壓 ?（向上推↑／向下推↓／向左推←／向右推→／中間按壓／任意方向）	條件積木，用於偵測搖桿接收到的操作，共有上、下、左、右和中間五種操作判斷。

範例 3

投票方當搖桿向上撥動時，在顯示幕上提示選擇結果，並將結果發送給發起方。

```
如果 〈搖桿 向上推↑？〉 那麼
    在區域網路上廣播 投票 及 a 值
    清空畫面
    顯示 已投票 並換行
    顯示 你的選擇是：a 並換行
    顯示 ▢▢▢▢▢
```

④ 發起方接收投票資訊　|設備：CyberPi 1|

要接收投票，需要獲取透過區域網路廣播發來的資料。

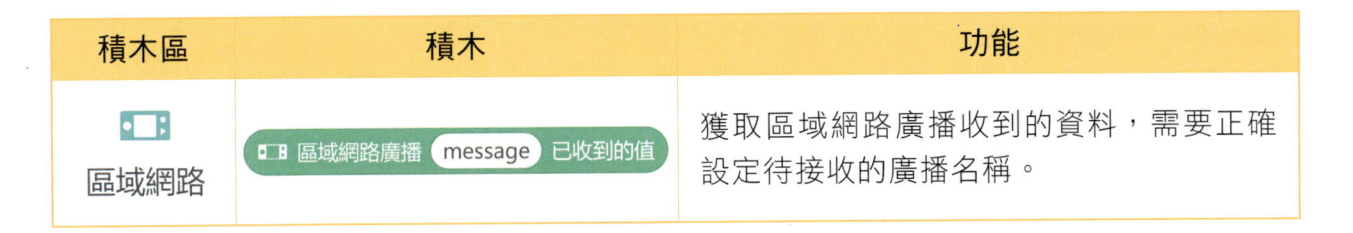

積木區	積木	功能
區域網路	區域網路廣播 message 已收到的值	獲取區域網路廣播收到的資料，需要正確設定待接收的廣播名稱。

範例 4

在投票的有效時間內，發起方每接收到一次投票的廣播，就透過燈光提示投票內容是什麼。

```
當接收區域網路 投票 廣播時
    如果 〈計時器(秒) 小於 10〉 那麼
        如果 〈區域網路廣播 投票 已收到的值 = a〉 那麼
            變數 a ▼ 改變 1
            顯示 ▢▢▢▢▢
```

提示：① 透過計時器判斷是否在投票有效時間內。
　　　② 記錄投票資料時，對收到的資料數值進行判斷，增加對應選項獲得的票數。

⑤ 發起方查看最終投票情況 |設備：CyberPi 1|

最終投票情況可用多種方式顯示。例如：文字顯示各選項的對應票數、生成柱狀圖顯示各選項票數。

積木區	積木	功能
顯示	以 小▼ 像素,顯示 makeblock 在螢幕 正中央▼	顯示文字積木，可以指定文字位置與大小。位置包括螢幕正中央、頂部中間等九個選項，大小包括大、中、小三個選項。
偵測	按鈕 A▼ 被按下?	條件積木，用於偵測按鍵 A 或者 B 是否被按下。

範例 5

發起方按下按鍵 A 在液晶螢幕上透過文字顯示各選項的對應票數；按下 B 鍵，以柱狀圖的形式呈現各選項的投票結果。

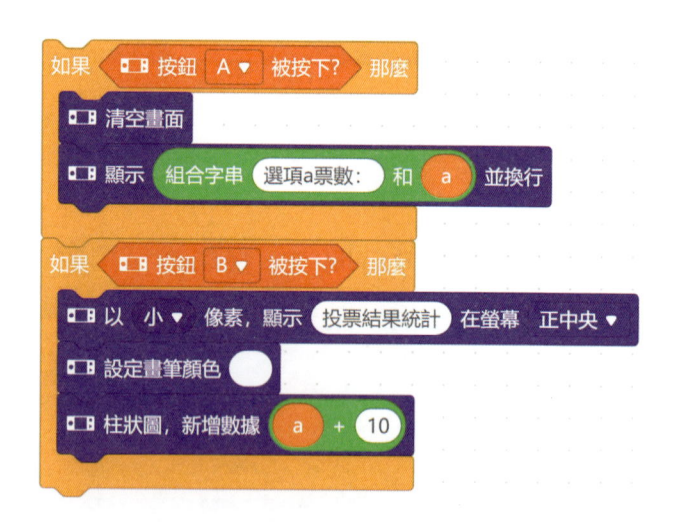

```
如果 按鈕 A▼ 被按下? 那麼
  清空畫面
  顯示 組合字串 選項a票數: 和 a 並換行

如果 按鈕 B▼ 被按下? 那麼
  以 小▼ 像素,顯示 投票結果統計 在螢幕 正中央▼
  設定畫筆顏色 ○
  柱狀圖,新增數據 a + 10
```

提示： ① 顯示柱狀圖時，透過設定不同的畫筆顏色，來設定不同的柱形條。
② 如果參與投票的人數較少，為了更好地呈現出每個選項的選票多少，可以透過給每個柱形圖設定一樣的基礎數值，在這基礎上呈現投票結果。例如：`a + 10`

完整程式

▲ 發起方（CyberPi 1）程式

▲ 投票方（CyberPi 2）程式

小試身手

是非題

請判斷下列說法的對錯。

_____ 1. 為了確保每人僅投一票，可以使用變數記錄是否已完成投票。

_____ 2. CyberPi 可以接收所有其它設備發出的消息，不需要知道消息的廣播名稱。

_____ 3. 超過投票有效時間後，仍可進行投票，並被計入最終結果。

選擇題

_____ 1. 以下哪種圖表不能清楚直觀地看出統計結果的大小差異？
(A) 表格 (B) 折線圖 (C) 扇形圖 (D) 柱狀圖。

填充題

根據這次的學習過程，將下面的思維導圖完整填入答案。

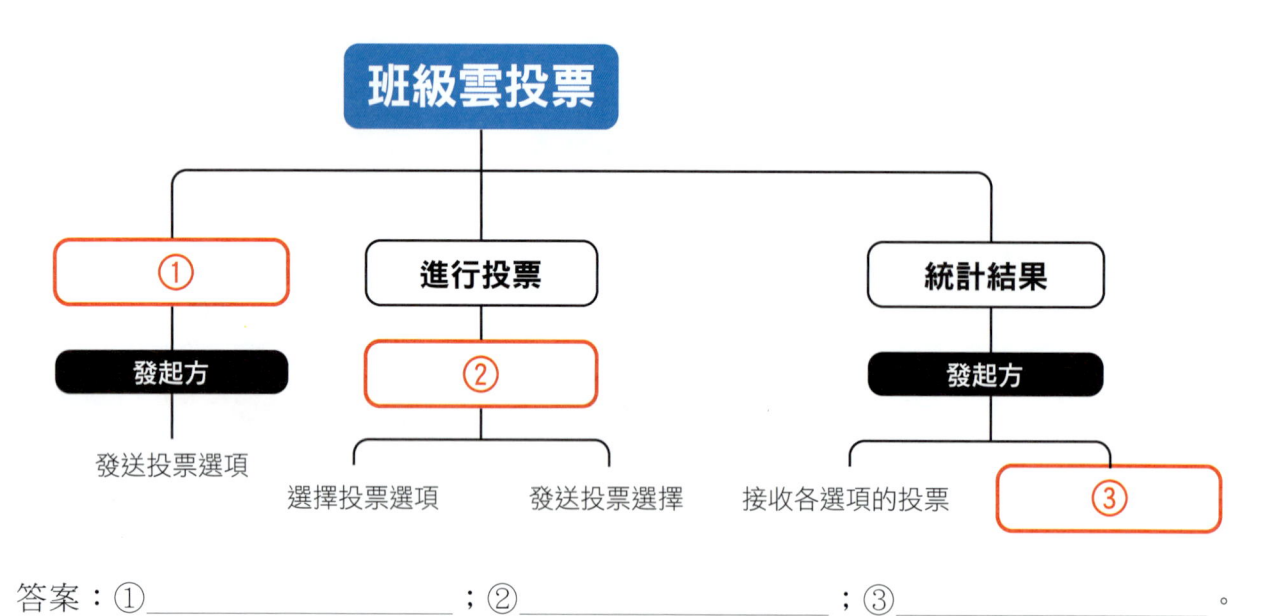

班級雲投票
- ①／發起方／發送投票選項
- 進行投票／②／選擇投票選項／發送投票選擇
- 統計結果／發起方／接收各選項的投票／③

答案：①_____；②_____；③_____。

第 4 課 ｜ 實作題

題目名稱：班級雲投票

30 mins

題目說明： 使用至少兩台 CyberPi，以一台作為投票發起方並將 LED 燈設為紅燈，其餘做為投票方並將 LED 燈設為綠燈。投票方投完票後，LED 燈轉為黃色並在螢幕上顯示「你投給了：Jeremy」。發起方收到投票後在螢幕上以柱狀圖顯示。

提示：此題須連接 Wi-Fi。

創客題目編號：A035003

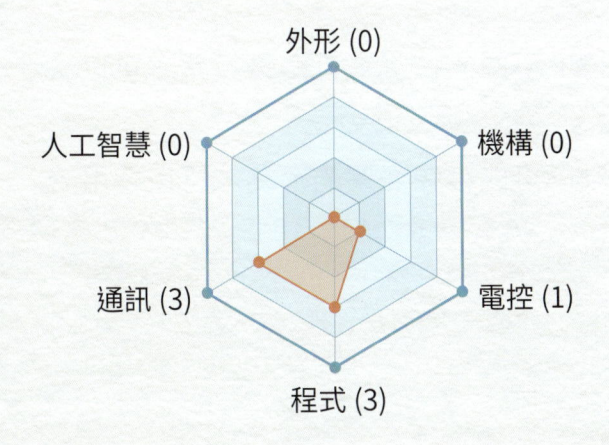

外形 (0)
機構 (0)
電控 (1)
程式 (3)
通訊 (3)
人工智慧 (0)

· 創客指標 ·

外形	0
機構	0
電控	1
程式	3
通訊	3
人工智慧	0
創客總數	7

43

知識能量站

各式各樣的投票方式

從古至今，隨著科學技術不斷地發展，投票方式也在慢慢地發生著改變。總體來看，主要有以下幾種投票方式。

1. **紙質投票**：將選票投入投票箱，由人工一票一票進行唱票核對，確定投票結果。
2. **物理投票**：用鼓掌和舉手的方式進行投票，掌聲越大或者舉手的人越多，表示票數越高。
3. **電子投票器**：人手一台機器，透過按下不同的按鍵進行選擇投票，可以快速地統計投票結果。
4. **網路投票**：在網路上進行的投票活動，可能存在灌票的行為，所以多用於非正式選舉的投票活動。

第 5 課

隨身翻譯機

知識小百科 — 人工智慧翻譯

人工智慧翻譯又稱機器翻譯，指運用人工智慧的方法，透過電腦途徑而非人工的方式，將一種自然語言轉換成另外一種目標自然語言的技術，是人工智慧的終極目標之一。人工智慧翻譯最大的優勢在於譯文流暢，更加符合語法規範，容易理解。目前 mBlock 5 軟體可以支援翻譯英語、法語、德語、俄語、日語、韓語等 50 多種語言。

項目分析

如果能夠借助人工智慧翻譯，結合 CyberPi 編程學習遊戲機製作一個可以隨身攜帶的「翻譯機」，就可以解決與國際友人交流時語言不通的問題了。這節課，我們就一起來製作一款可以幫助你邁出國門，走向世界的**「隨身翻譯機」**。

以下是**「隨身翻譯機」**專案功能分析圖，請仔細觀察，並完成這次的項目任務。程式撰寫完成後，切換成上傳模式，上傳程式到 CyberPi 執行功能。

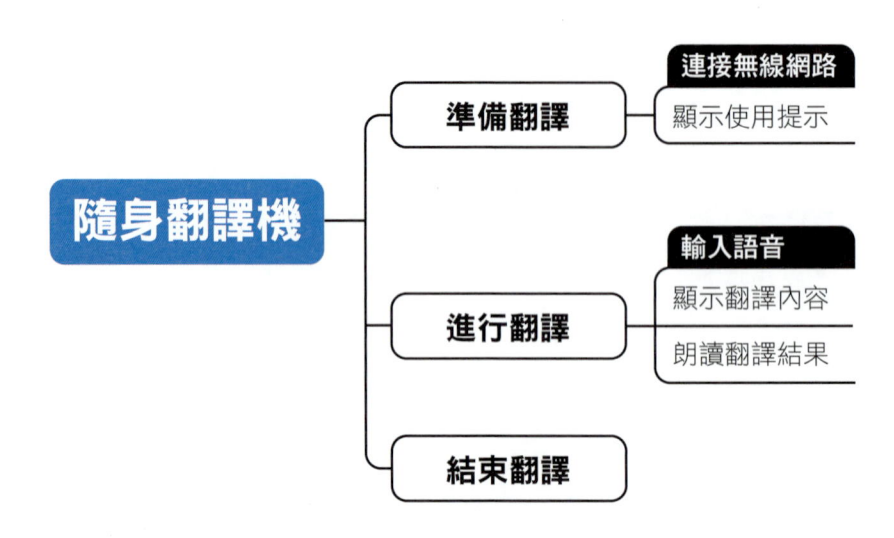

```
隨身翻譯機 ─┬─ 準備翻譯 ─┬─ 連接無線網路
            │             └─ 顯示使用提示
            │
            ├─ 進行翻譯 ─┬─ 輸入語音
            │             ├─ 顯示翻譯內容
            │             └─ 朗讀翻譯結果
            │
            └─ 結束翻譯
```

提示：需要確認人工智慧功能如下：
　　　a. 模式為上傳模式。b. 需登入 makeblock 帳號。c. 軟體需設定國際版。

第 5 課　隨身翻譯機

程式設計錦囊

1. 準備翻譯

要實現專案的翻譯功能，需要用到 CyberPi「人工智慧」類積木，讓 CyberPi 連接到無線網路。

積木區	積木	功能
人工智慧	連接到 Wi-Fi ssid 密碼 password	開始連接無線網路。需要輸入正確的無線網路名稱和密碼。
人工智慧	網路已經連線？	判斷網路是否已連接。若網路已連接，則判斷條件成立；否則，判斷條件不成立。
控制	等待直到	等待積木，需要嵌入判斷條件，當條件成立時，繼續執行後續程式。

範例 1

當 CyberPi 啟動時，就開始連接網路，並在液晶螢幕上顯示網路是否成功連接到「123」的無線網路中。

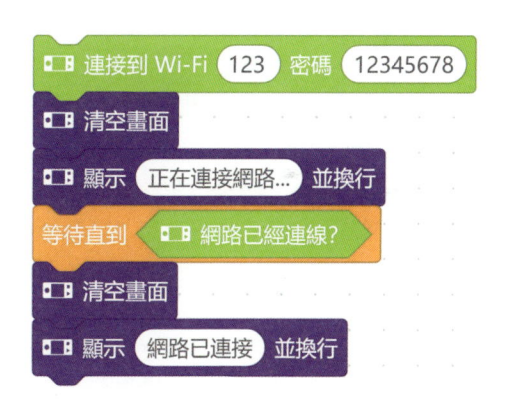

```
連接到 Wi-Fi 123 密碼 12345678
清空畫面
顯示 正在連接網路... 並換行
等待直到 網路已經連線？
清空畫面
顯示 網路已連接 並換行
```

2. 進行翻譯

Step1. 輸入語音

需要用到 CyberPi 的識別語音積木，識別輸入的語音內容。

積木區	積木	功能
人工智慧	在 3 秒後，辨識 中文(繁體)	語音辨識積木，能夠將語音轉為文字。透過 CyberPi 的麥克風獲取語音內容，可以設定識別的語言與時間長短。

範例 2

按下 A 鍵,開始進行中文(繁體)的識別,語音輸入時間為 5 秒;按下 B 鍵,開始進行英文的識別,語音輸入時間同樣為 5 秒。

```
當按鈕 A 按下
顯示 開始講話 並換行
在 5 秒後, 辨識 中文(繁體)
```

```
當按鈕 B 按下
顯示 Speak now 並換行
在 5 秒後, 辨識 英文
```

Step2. 顯示翻譯內容

輸入語音後,要顯示原文與翻譯的結果。此時需要用到翻譯積木對語音進行翻譯。

積木區	積木	功能
人工智慧	語音識別結果	語音辨識結果積木,能夠提供每一次語音辨識的結果。
	翻譯 hello 成 中文	翻譯積木,可以將輸入的文字翻譯為指定語言,輸出對應的文字。

範例 3

進入「中譯英」模式,將中文識別結果翻譯為英文,並在液晶螢幕上顯示。

```
清空畫面
顯示 組合字串 中文: 和 語音識別結果 並換行
變數 譯文 設為 翻譯 語音識別結果 成 英文
顯示 組合字串 英文: 和 譯文 並換行
```

提示:可以透過變數(例如:「譯文」)用來存放翻譯後的結果,以便後續積木獲取翻譯結果。

Step3. 朗讀翻譯結果

翻譯完成後，可將文字轉為語音，朗讀翻譯結果。

積木區	積木	功能
人工智慧	說 自動▼ hello world	朗讀積木，將文字轉為語音。朗讀的內容可以自行設定。

範例 4

向上撥動搖桿，朗讀翻譯結果。

```
等待直到 搖桿 向上推↑▼ ?
說 自動▼ 譯文
```

③ 結束翻譯

在液晶螢幕上顯示操作提示。

範例 5

當搖桿向上撥動，可以朗讀翻譯；當搖桿向左撥動，結束本次翻譯，提醒可以選擇進入下一次語音翻譯。

```
顯示 ---------------- 並換行
顯示 搖桿向上，朗讀譯文。 並換行
顯示 搖桿向左，結束翻譯。 並換行
```

```
當搖桿 向左推←▼
停止 出場角色的其他程式▼
清空畫面
顯示 按【A】開始中譯英 並換行
顯示 按【B】開始英譯中 並換行
```

完整程式

CyberPi 程式

小試身手

選擇題

_____ 1. 以下哪個積木可以將英文翻譯成中文？

(A) 說 自動▼ hello world　　(B) 翻譯 hello 成 中文▼

(C) 語音識別結果　　(D) 翻譯 你好 成 英文▼

_____ 2. 以下哪個積木可以將文字轉語音？

(A) 連接到 Wi-Fi ssid 密碼 password　　(B) 在 3 秒後，辨識 中文(繁體)▼

(C) 說 自動▼ hello world　　(D) 語音識別結果

填充題

根據這次的學習過程，將下面的思維導圖完整填入答案。

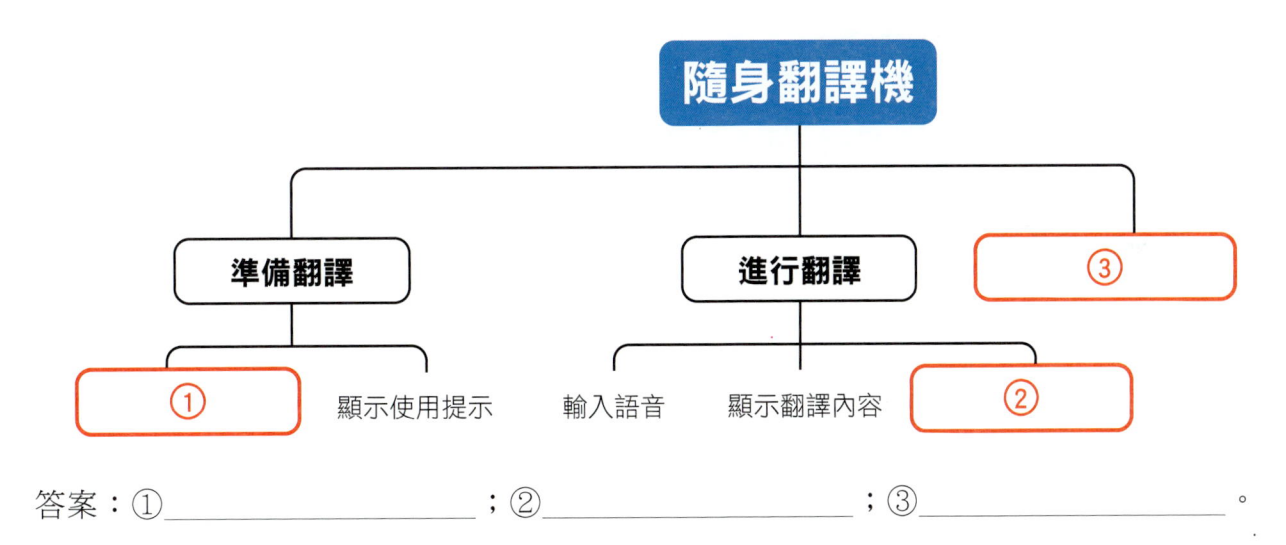

```
                    隨身翻譯機
        ┌──────────────┼──────────────┐
     準備翻譯         進行翻譯           ③
        │          ┌────┼────┐
        ①       顯示使用提示  輸入語音  顯示翻譯內容  ②
```

答案：①_____；②_____；③_____。

第 5 課 ｜ 實作題

題目名稱：隨身翻譯機

25 mins

題目說明： 使用 CyberPi 製作隨身翻譯機，當按下按鈕 B 時語音辨識中文翻譯成英文，並顯示在螢幕上且朗誦翻譯結果。

> 提示：此題須連接 Wi-Fi。

> 創客題目編號：A035004

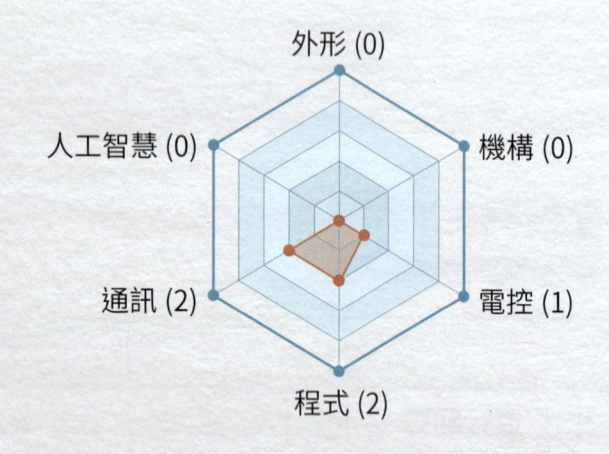

・創客指標・

外形	0
機構	0
電控	1
程式	2
通訊	2
人工智慧	0
創客總數	5

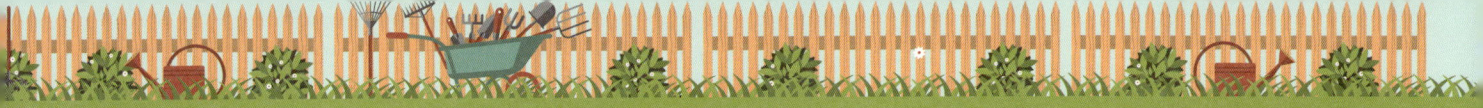

知識能量站

語音合成

　　語音合成，又稱文字轉語音技術（Text to Speak, TTS），能將任意文字資訊即時轉化為標準流暢的語音朗讀出來，相當於給機器裝上了人工嘴巴。

　　在隨身翻譯機中，就是借助了 TTS 技術，將文字的翻譯內容轉換為語音，達到朗讀翻譯結果的效果。目前 TTS 技術已經廣泛應用在各個方面。

1. **閱讀聽書**：利用語音合成技術賦予朗讀說書的功能，解放雙手和雙眼，提升閱讀體驗。
2. **新聞播報**：讓手機、音箱等設備化身專業主播，隨時隨地播報新鮮資訊。
3. **訂單播報**：多用於叫車軟體、餐飲叫號、排隊軟體，透過語音合成進行訂單播報，便於在第一時間獲得通知資訊。
4. **出行導航**：在導航時，透過語音合成提供精確的語音瀏覽。
5. **智慧硬體**：例如故事機、機器人、平板設備等智慧硬體，透過語音合成，讓人機交互體驗更自然、親切。

您好　hello
bonjour
今日は

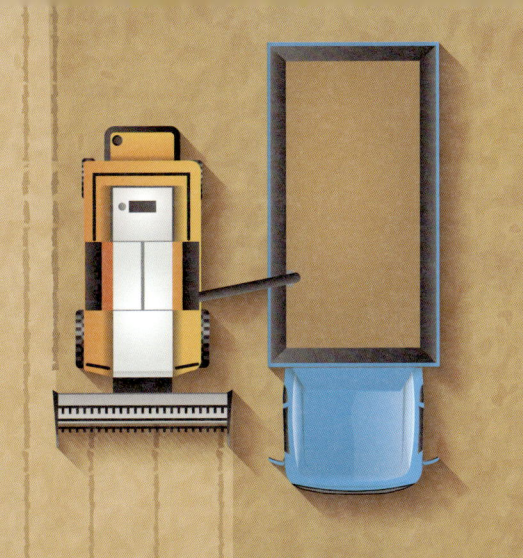

第 6 課

植物小管家

知識小百科 — 智慧農業

　　智慧農業是將物聯網技術運用到傳統農業中，運用感測器和軟體透過電腦對農業生產進行控制，使傳統農業更具「智慧」。智慧農業主要包括：監控功能系統、監測功能系統、即時圖像與影像監控功能。

- **監控功能系統**：根據無線網路獲取植物的生長環境資訊，例如：土壤水分、土壤溫度、空氣溫度、光照強度、植物養分含量等數值，並根據資訊回饋對植物進行自動灌溉、自動降溫、自動噴藥等自動控制。
- **監測功能系統**：對植物進行自動資訊檢測與控制，監測土壤水分、土壤溫度、空氣溫度、光照強度、植物養分含量等數值，並根據植物需求提供各種警報資訊。
- **即時圖像與影像監控功能**：對植物的狀態提供更直觀的表達方式，能夠直接地反應植物的即時狀態。既可以直觀反應一些植物的生長長勢，也可以側面反應出植物生長的整體狀態及營養水準。

項目分析

　　如果能夠借助 CyberPi 編程學習遊戲機製作一個可以即時監控植物生長狀態的「**植物小管家**」，就再也不用擔心忘記給植物澆水或者一次澆太多水了。現在，就讓我們一起來製作一個「**植物小管家**」，幫助你更方便地照料植物。

　　以下是「**植物小管家**」項目功能分析圖，請仔細觀察，並完成這次的項目任務。此程式分為 CyberPi 和 7 個角色進行互動，CyberPi 須為即時模式，7 個角色分別為植物 1、植物 2、植物 3、表情 1、表情 2、表情 3 和箭頭。點選綠色旗子開始程式。

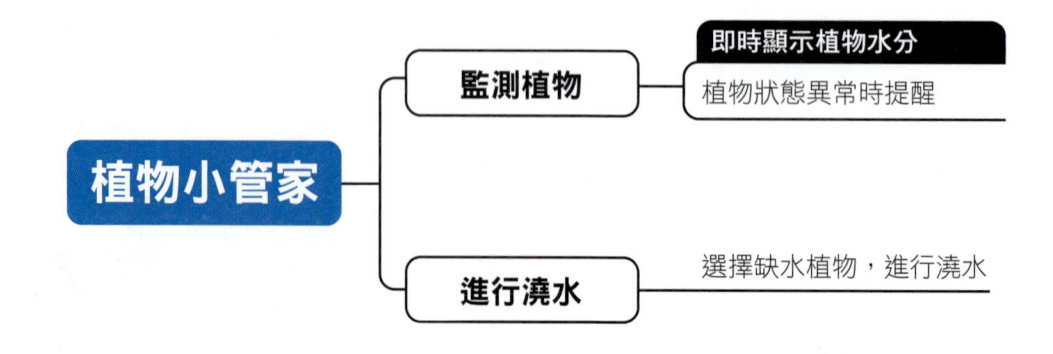

```
                    ┌─ 監測植物 ─┬─ 即時顯示植物水分
                    │           └─ 植物狀態異常時提醒
  植物小管家 ──────┤
                    │
                    └─ 進行澆水 ──── 選擇缺水植物，進行澆水
```

程式設計錦囊

① 認識植物

不同植物對水分的需求量不同，主要可以歸為以下三種：

植物	特點
	植物 1：耐旱，相同光照下水分消耗較慢。
	植物 2：正常，相同光照下水分消耗一般。
	植物 3：喜歡潮濕，相同光照下水分消耗較快。

② 監測植物狀態 ｜設備：CyberPi｜

Step1. 即時顯示植物水分

① **類比植物水分下降情況**

利用光線感測器模擬光照程度，當光線越強時，植物體內的水分下降越快。

可以透過每種植物「水分」的變化，模擬不同植物在光照下的水分消耗情況。

```
不停重複
    變數 光照程度 ▼ 設為  環境的光線強度
```

範例 1

植物 1 以較慢的速度消耗水分。

提示： 可以透過對光照強度進行不同的運算處理，模擬每種植物水分消耗速度的快慢。在同樣的光照程度下，植物 1 耐旱程度最高，所以水分下降速度最慢，因此除數最大（例如：30）；植物 2 耐旱程度正常，水分下降速度居中，因此除數比植物 1 的小，但比植物 3 的大（例如：20）；植物 3 喜歡潮濕，水分下降速度最快，因此除數最小（例如：10）。

② **顯示植物水分變化**

在 CyberPi 的液晶螢幕上繪製柱狀圖來顯示植物的水分狀態。

提示： 目前 CyberPi 中的柱狀圖只能顯示整數，所以需要對水分值進行四捨五入求取整數。

Step2. 提醒植物狀態

植物的異常狀態有兩種：缺水狀態和過度澆水狀態。當植物處於這兩種危險的狀態時，程式發出警告。

① **判斷異常狀態**

判斷是否需要發出警告。

範例 2

當水分數值小於 50 為缺水狀態，當水分數值大於 110 為過度澆水狀態，在這兩個狀態時則須發出警告；當水分數值在 50～110 之間，屬於水分充足的狀態。

② **CyberPi 發出警告**

當植物處於異常狀態時，CyberPi 對應的 LED 燈亮紅燈。

範例 3

接收到「1 號警告」時，CyberPi 的 1 號 LED 燈亮紅色，直到接收到「1 號水充足」的消失，才會熄滅燈光。

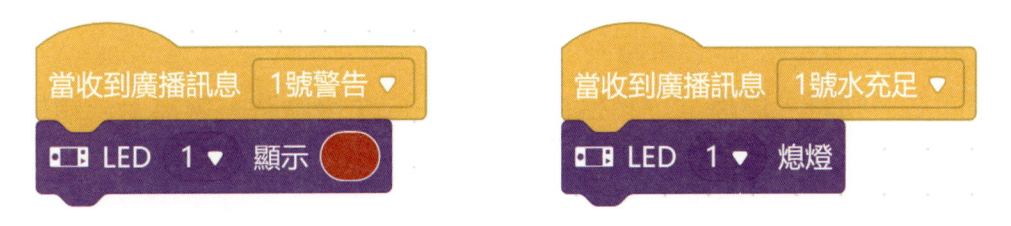

③ 舞臺進行提示

除了讓 CyberPi 做出警告，也可以在舞臺區上給植物添加警告效果，讓警告更加顯眼。

範例 4　|角色：表情 1|

當植物處於異常狀態時，會在對應的植物上方出現難過的表情，當恢復正常狀態時，會出現開心的表情。

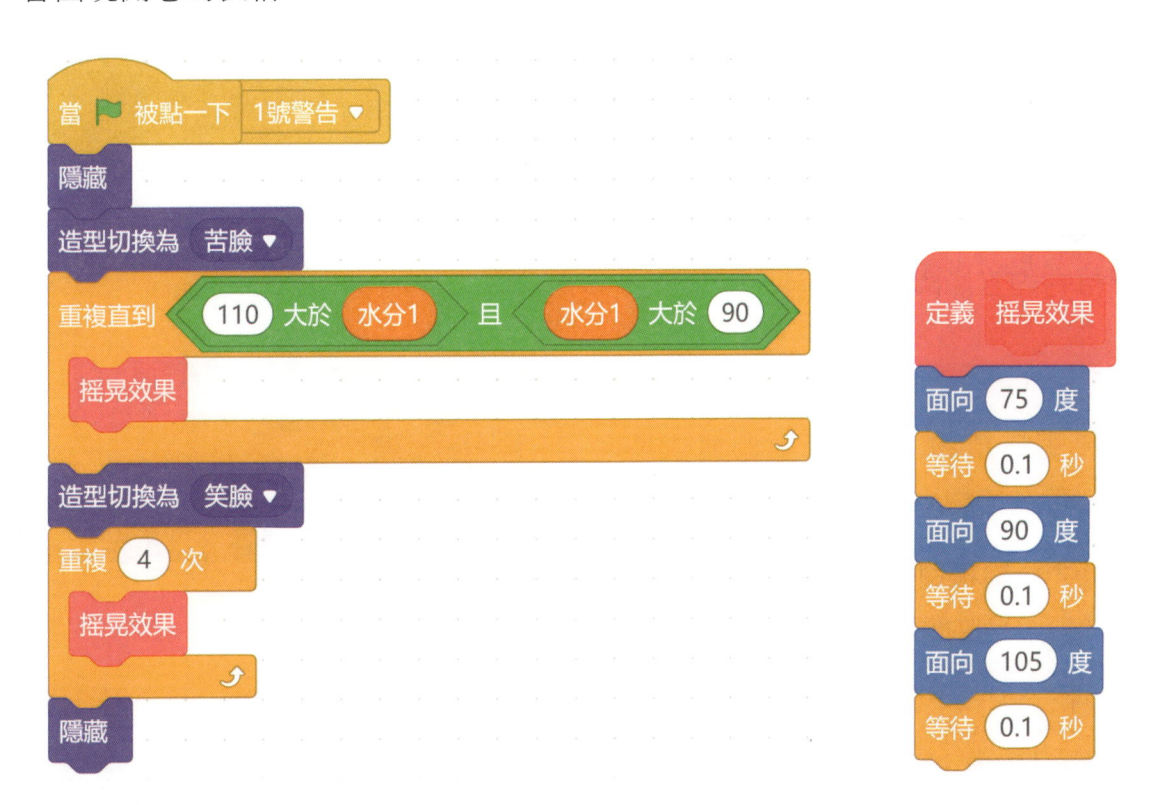

提示：可以透過建立函數並定義為表情的左右搖晃，透過調整函數，可以使程式更加簡潔。

3 給植物澆水

Step1. 透過搖桿選擇舞臺上的植物 ┃設備：CyberPi┃

撥動 CyberPi 的搖桿，選擇舞臺上的植物。

範例 5

當搖桿向右撥動時，選擇下一顆植物；當搖桿向左撥動時，選擇上一顆植物。

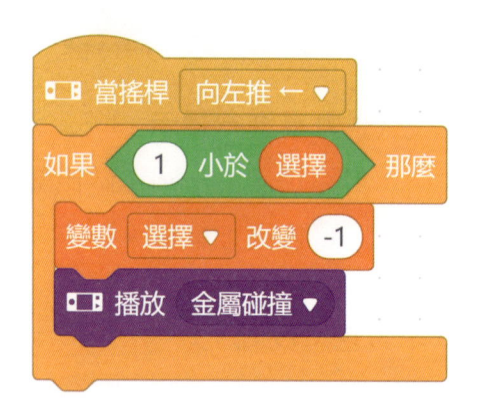

```
當搖桿 向右推→
如果 〈選擇〉 小於 3 那麼
    變數 選擇 改變 1
    播放 金屬碰撞
```

```
當搖桿 向左推←
如果 〈 1 小於 選擇〉 那麼
    變數 選擇 改變 -1
    播放 金屬碰撞
```

> 提示：① 設定只有當「選擇」小於 3 時，「選擇」的值才能增加，並且只有當「選擇」大於 1 時，「選擇」的值才能減少，這樣可以限制「選擇」的值在 1～3 的區間內。
>
> ② 當「選擇」等於 1 時，代表選中植物 1，「選擇」等於 2 時，代表選中植物 2，「選擇」等於 3 時，代表選中植物 3。

同時，撥動搖桿時，舞臺上的箭頭會出現在相應的植物下方，並切換成與液晶螢幕上每棵植物的直條圖顏色相同。

範例 6 ┃角色：箭頭┃

如果選擇植物 1，那麼箭頭變成藍色，並出現在植物 1 下方。

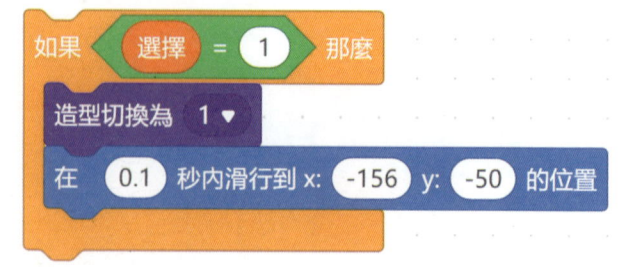

```
如果 〈選擇 = 1〉 那麼
    造型切換為 1
    在 0.1 秒內滑行到 x: -156 y: -50 的位置
```

Step2. 給植物澆水

選中植物後，向下撥動搖桿，就可以替植物進行澆水動作。

範例 7 ┃設備：CyberPi┃

給 1 號植物澆水。

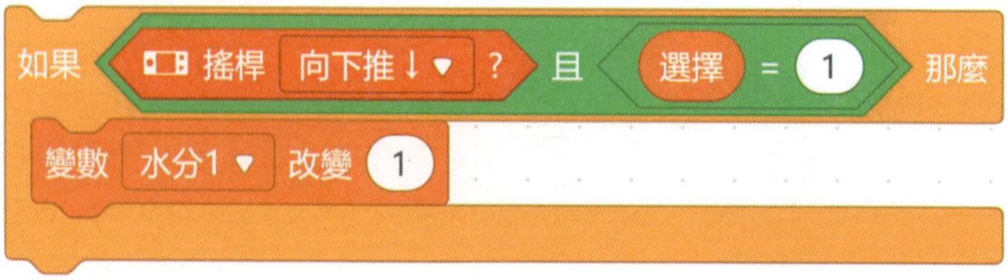

```
如果 〈搖桿 向下推↓ ? 且 選擇 = 1〉 那麼
    變數 水分1 改變 1
```

第 6 課　植物小管家

完整程式

CyberPi 程式

植物 1 程式

```
當 ▶ 被點一下
變數 水分1 ▼ 設為 100
不停重複
    如果 〈 水分1 大於 0 〉 那麼
        變數 水分1 ▼ 改變 0 - 光照程度 / 30
    等待 1 秒
```

植物 2 程式

```
當 ▶ 被點一下
變數 水分2 ▼ 設為 100
不停重複
    如果 〈 水分2 大於 0 〉 那麼
        變數 水分2 ▼ 改變 0 - 光照程度 / 20
    等待 1 秒
```

```
當 ▶ 被點一下
不停重複
    如果 〈 水分2 小於 50 或 110 小於 水分2 〉 那麼
        廣播訊息 2號警告 ▼
    如果 〈 110 大於 水分2 且 水分2 大於 90 〉 那麼
        廣播訊息 2號水充足 ▼
    等待 0.05 秒
```

植物 3 程式

```
當 ▶ 被點一下
變數 水分3 ▼ 設為 100
不停重複
    如果 〈 水分3 大於 0 〉 那麼
        變數 水分3 ▼ 改變 0 - 光照程度 / 10
    等待 1 秒
```

```
當 ▶ 被點一下
不停重複
    如果 〈 水分3 小於 50 或 110 小於 水分3 〉 那麼
        廣播訊息 3號警告 ▼
    如果 〈 110 大於 水分3 且 水分3 大於 90 〉 那麼
        廣播訊息 3號水充足 ▼
    等待 0.05 秒
```

第 6 課　植物小管家

▲ 表情 1 程式

▲ 表情 2 程式

▲ 表情 3 程式

▲ 箭頭程式

小試身手

選擇題

_____ 1. 以下哪種特徵代表這種植物需水量可能比較大？

(A) 葉片呈現針狀　　　　　　(B) 葉片寬大而且十分薄

(C) 根莖十分粗壯　　　　　　(D) 葉片呈現綠色。

_____ 2. 以下哪一組積木能夠提示植物狀態異常？

(A) 如果 搖桿 向下推↓ ? 且 選擇 = 1 那麼
　　變數 水分1 改變 1

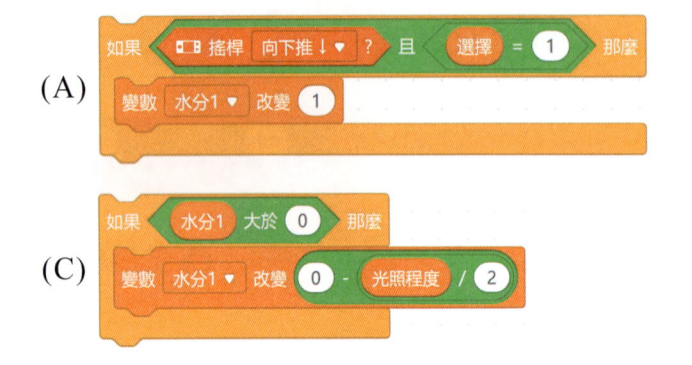

(B) 當收到廣播訊息 1號水充足
　　LED 1 熄燈

(C) 如果 水分1 大於 0 那麼
　　變數 水分1 改變 0 - 光照程度 / 2

(D) 如果 水分1 小於 50 那麼
　　廣播訊息 1號警告

填充題

根據這次的學習過程，將下面的思維導圖完整填入答案。

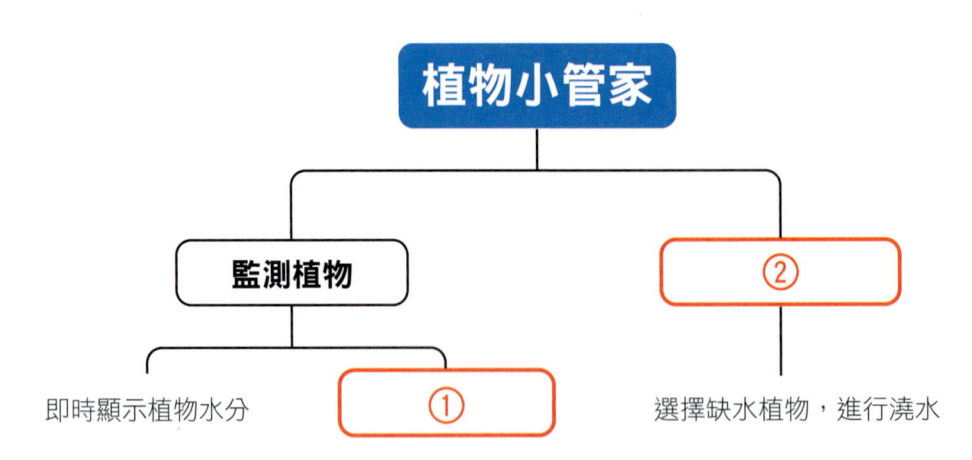

```
            植物小管家
           /        \
      監測植物        ②
      /     \
即時顯示植物水分  ①    選擇缺水植物，進行澆水
```

答案：①_____；②_____。

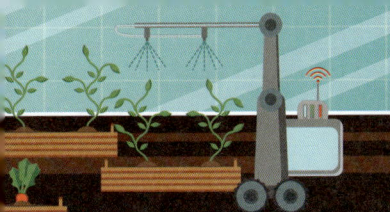

第 6 課 ｜ 實作題

題目名稱：植物小管家

20 mins

題目說明： 在 mBlock 5 新增一個植物，使用 CyberPi 上的光感測器來模擬日照狀況，環境光越強，水分下降越快。水分在 50 以上顯示綠燈、少於 50 並大於 30 時讓 LED 燈顯示橘燈、少於 30 顯示紅燈。並在 CyberPi 上以柱狀圖顯示當前植物水分。

創客題目編號：A035005

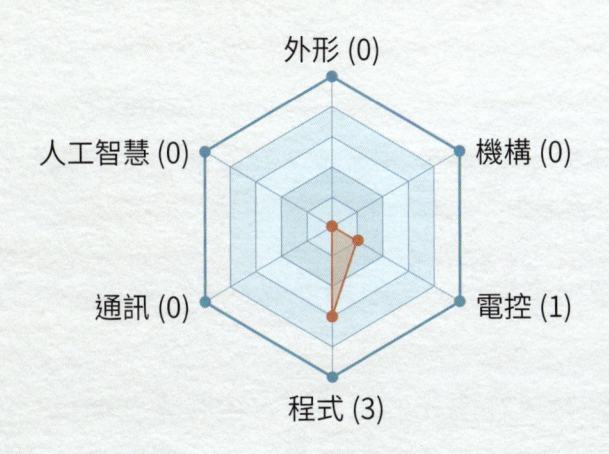

外形 (0)
機構 (0)
電控 (1)
程式 (3)
通訊 (0)
人工智慧 (0)

・創客指標・

外形	0
機構	0
電控	1
程式	3
通訊	0
人工智慧	0
創客總數	4

知識能量站

植物的小秘密

植物世界是我們賴以生存的地球上眾多生態系統中不可分割的一部分，在浩瀚深邃的綠色世界裡蘊藏著許多不為人知的奧秘。

1. 植物會睡覺嗎？

和任何動物一樣，植物也需要睡眠。例如，生長在水面的睡蓮花，太陽升起時，會慢慢舒展美麗的花瓣，當太陽西下時，會閉攏花瓣，重新進入睡眠狀態。

2. 曇花為什麼只開一小會？

曇花是仙人掌一類的植物，原產於熱帶地區，養成了耐旱的習性。曇花晚上開放，是為了避免熱帶烈日的照射；開花時間短，是為了減少水分蒸發。曇花一現，實際上是曇花長期以來對自己生活環境的一種適應。

3. 向日葵為什麼向著太陽轉動？

向日葵的向陽是典型的向光性運動。在陽光的照射下，生長素在向日葵背光的一面含量升高，刺激背光面細胞拉長，從而慢慢地向太陽轉動。太陽落山後，生長素重新分布，又使向日葵慢慢地轉回到起始位置。但是，向日葵花盤若盛開後，就不再向日轉動，而是固定朝向東方。

第 7 課

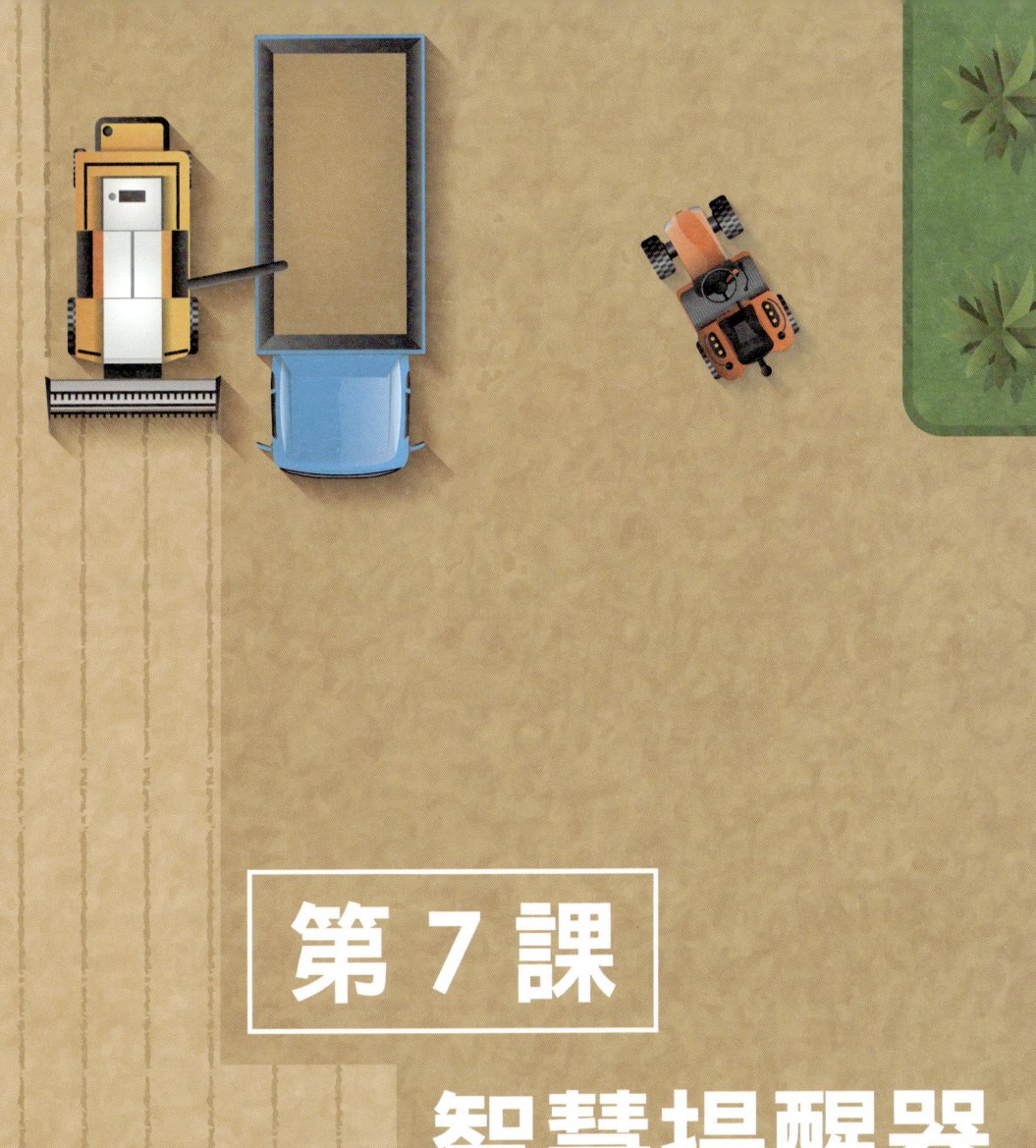

智慧提醒器

知識小百科 — 智慧健康設備

日常生活中，每個人或多或少都會有忽視身體健康的行為。例如：躺著玩手機、駝背、熬夜等。在科技發達的今天，我們可以利用現代科技來監測、提醒人們重視身體健康，留意自己的行為習慣。

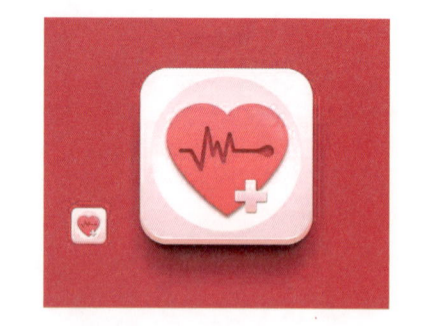

- **智慧手環**：是一種穿戴式的智慧設備，可以對日常生活中的健身鍛煉、睡眠情況等進行即時監測，甚至擁有在緊急情況下的呼救、通話等功能。
- **智慧體脂機**：能夠檢測人體多項生理資料，並對這些資料進行解讀，便於直觀地理解資料的真正意義，同時針對自身的身體狀況提出合理的飲食或運動建議，起到自我瞭解和科學監護的作用。
- **智慧血壓儀**：將血壓儀的測量資料上傳到雲端，實現即時或自動定時測量並記錄使用者血壓值，智慧分析血壓變化情況，及時對高血壓病人及併發疾病進行連續動態監測的一種智慧醫療設備。

項目分析

如果能夠借助 CyberPi 編程學習遊戲機製作一個即時監控使用者狀態的「**智慧提醒器**」，就可以監測到用戶有不健康行為之後，即時提醒使用者要注意改變行為狀態。現在，就讓我們一起來製作一款「**智慧提醒器**」，幫助用戶養成健康的行為習慣吧。

以下是「**智慧提醒器**」項目功能分析圖，請仔細觀察，並完成這次的項目任務。程式撰寫完成後，切換成上傳模式，上傳程式到 CyberPi 執行功能。

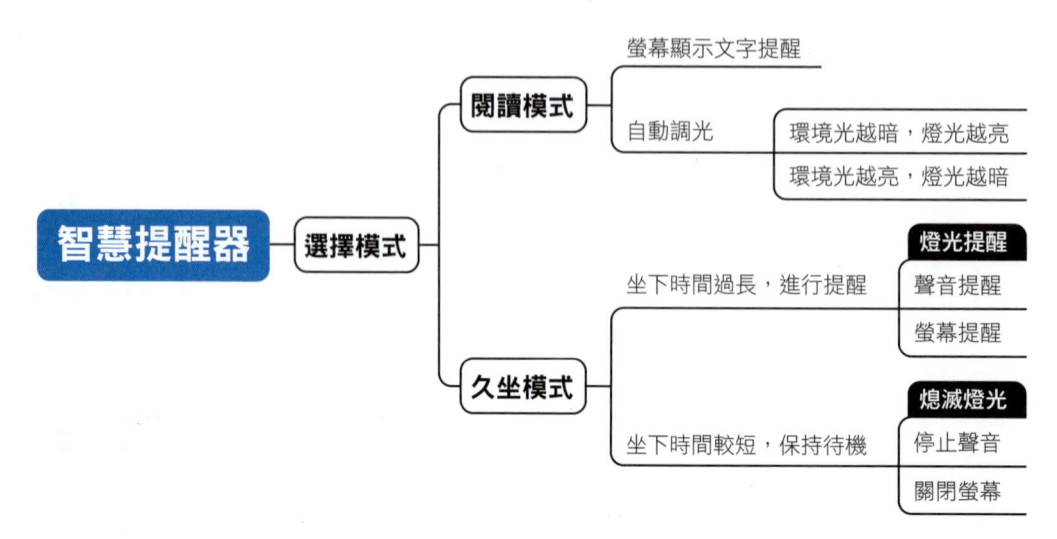

```
智慧提醒器 ─ 選擇模式 ┬ 閱讀模式 ┬ 螢幕顯示文字提醒
                              └ 自動調光 ┬ 環境光越暗，燈光越亮
                                         └ 環境光越亮，燈光越暗
                    └ 久坐模式 ┬ 坐下時間過長，進行提醒 ┬ 【燈光提醒】
                                                       ├ 聲音提醒
                                                       └ 螢幕提醒
                              └ 坐下時間較短，保持待機 ┬ 【熄滅燈光】
                                                       ├ 停止聲音
                                                       └ 關閉螢幕
```

程式設計錦囊

① 操作說明

當 CyberPi 啟動時，在開始介面顯示操作提示，知道如何切換到不同的模式。

範例 1

閱讀模式請按【A】，久坐模式請按【B】。

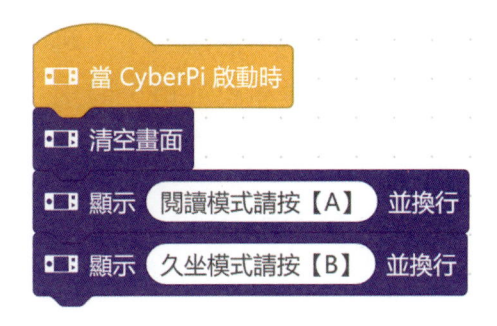

```
當 CyberPi 啟動時
清空畫面
顯示 閱讀模式請按【A】 並換行
顯示 久坐模式請按【B】 並換行
```

② 閱讀模式

Step1. CyberPi 液晶螢幕顯示文字

按下按鍵 A 時，進入閱讀模式，並在液晶螢幕上顯示文字提示。

範例 2

在液晶螢幕上顯示「閱讀中，請注意保護眼睛。」

提示：選擇進入到某種模式後，需要停止運行其它模式的程式。

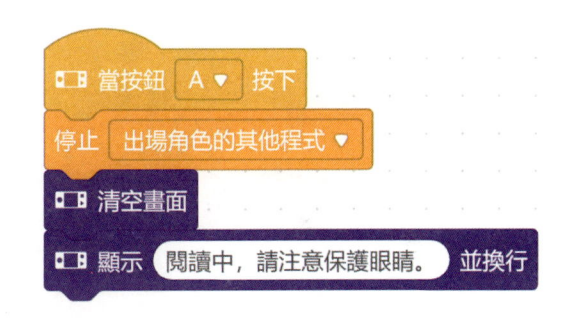

```
當按鈕 A▼ 按下
停止 出場角色的其他程式▼
清空畫面
顯示 閱讀中，請注意保護眼睛。 並換行
```

Step2. 自動調光

在「閱讀模式」下，為了更好地保護眼睛，需要根據周圍環境光的亮暗，不斷地調整閱讀燈光的亮度。

範例 3

環境光越暗，設備的燈光越亮；反之，設備的燈光越弱。

提示：可以利用光線感測器獲取周圍環境光的強度，並透過「50－環境的光線強度」的方法，達到自動調光的效果。

```
不停重複
    LED 設定亮度為 (50 - 環境的光線強度 * 5) %
    LED 所有▼ 顯示
```

③ 久坐模式

Step1. 坐下時間過長，進行提醒

進入到「久坐模式」後，需要判斷是否長時間沒有起來活動。

範例 4

如果長時間沒有起來活動，液晶螢幕會出現文字提示「坐太久了，起來動動吧！」同時，設備會亮起紅燈，發出「生氣」的聲音。

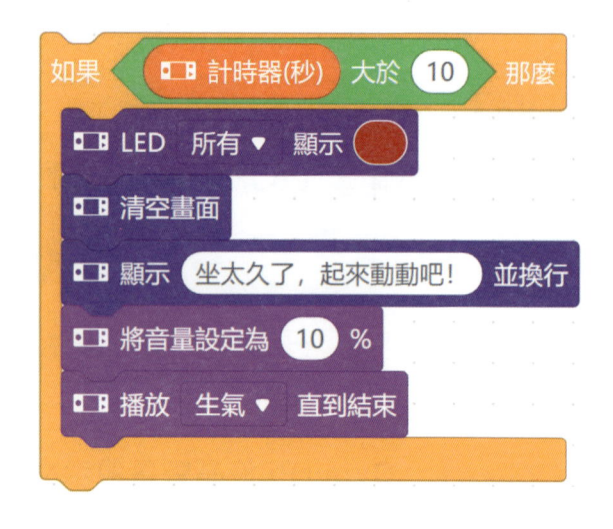

```
如果 計時器(秒) 大於 10 那麼
    LED 所有 顯示 ●
    清空畫面
    顯示 坐太久了，起來動動吧！ 並換行
    將音量設定為 10 %
    播放 生氣 直到結束
```

Step2. 坐下時間較短，保持待機

可以透過設備是否被搖晃來判斷使用者的運動情況。

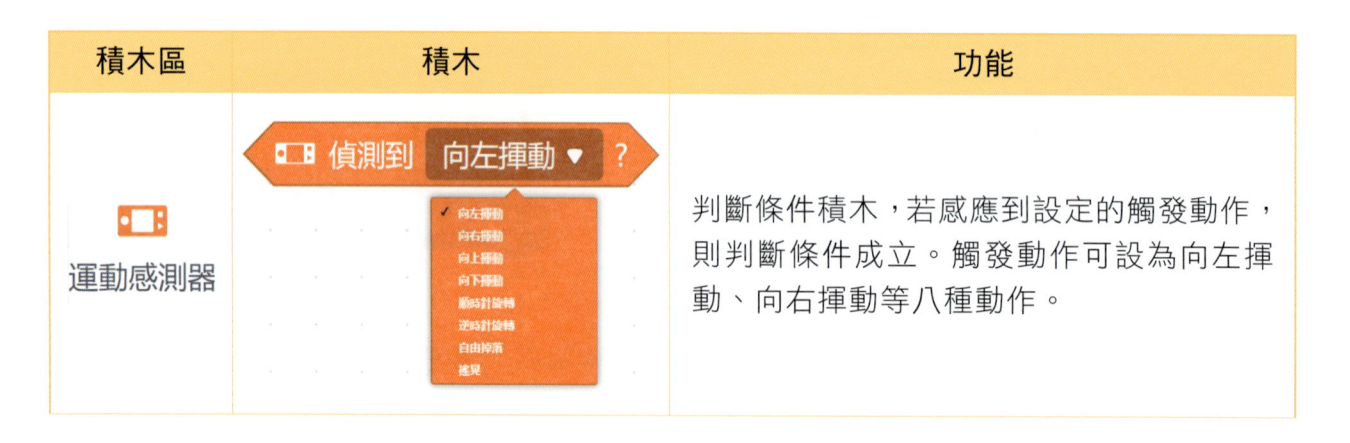

積木區	積木	功能
運動感測器	偵測到 向左揮動 ▼ ？ 向左揮動 向右揮動 向上揮動 向下揮動 順時針旋轉 逆時針旋轉 自由掉落 搖晃	判斷條件積木，若感應到設定的觸發動作，則判斷條件成立。觸發動作可設為向左揮動、向右揮動等八種動作。

範例 5

如果設備被搖晃了，則須重新開始計時，並關閉各種形式的提醒。

```
如果 偵測到 搖晃 ▼ ？ 那麼
    計時器歸零
    LED 所有 熄燈
    停止所有聲音
    清空畫面
    顯示 坐下時，請注意坐姿。 並換行
```

完整程式

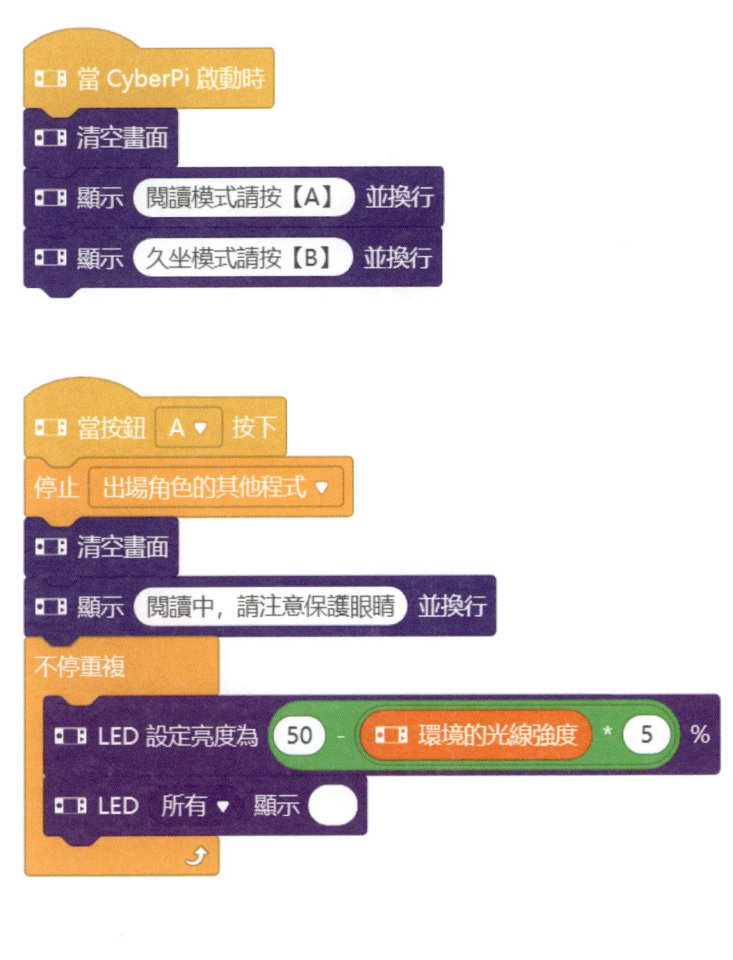

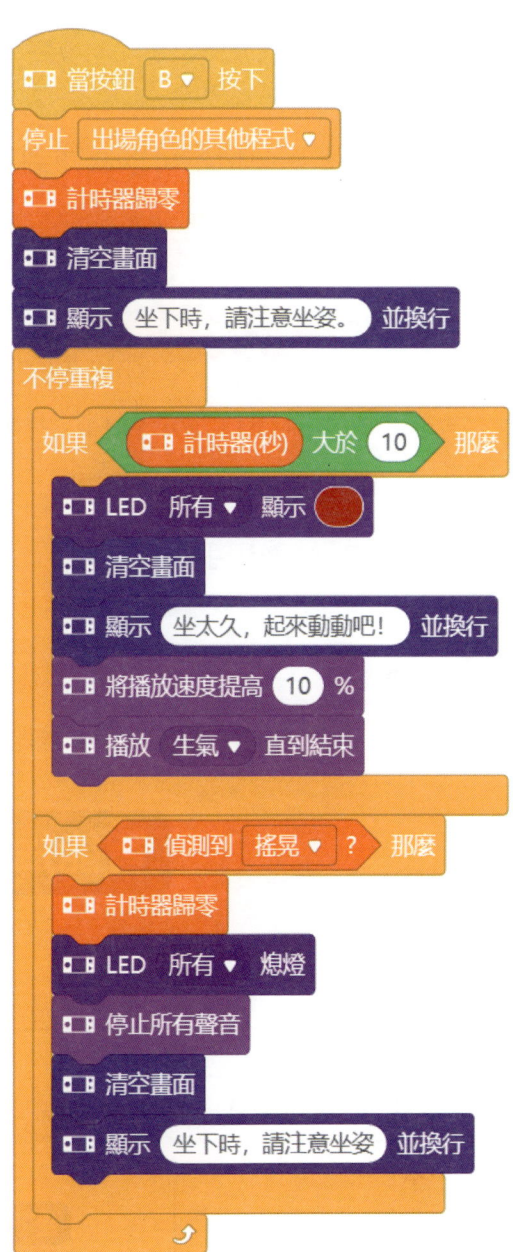

當 CyberPi 啟動時
- 清空畫面
- 顯示 「閱讀模式請按【A】」 並換行
- 顯示 「久坐模式請按【B】」 並換行

當按鈕 A 按下
- 停止 出場角色的其他程式
- 清空畫面
- 顯示 「閱讀中，請注意保護眼睛」 並換行
- 不停重複
  - LED 設定亮度為 50 - 環境的光線強度 * 5 %
  - LED 所有 顯示 ⚪

當按鈕 B 按下
- 停止 出場角色的其他程式
- 計時器歸零
- 清空畫面
- 顯示 「坐下時，請注意坐姿。」 並換行
- 不停重複
  - 如果 計時器(秒) 大於 10 那麼
    - LED 所有 顯示 🔴
    - 清空畫面
    - 顯示 「坐太久，起來動動吧!」 並換行
    - 將播放速度提高 10 %
    - 播放 生氣 直到結束
  - 如果 偵測到 搖晃 ？ 那麼
    - 計時器歸零
    - LED 所有 熄燈
    - 停止所有聲音
    - 清空畫面
    - 顯示 「坐下時，請注意坐姿」 並換行

▲ CyberPi 程式

小試身手

🌵 選擇題

_____ 1. 以下哪個積木可以感知到用戶是否在活動？

(A) `按鈕 A▼ 被按下?` (B) `偵測到 搖晃▼ ?`

(C) `螢幕朝上▼ ?` (D) `搖桿 中間按壓▼ ?`

_____ 2. 以下哪種行為是有利於身體健康的？

(A) 連續看電視 4 小時 (B) 在微弱的光線下看書

(C) 躺著玩手機 (D) 多吃蔬菜和水果。

🌼 填充題

根據這次的學習過程，將下面的思維導圖完整填入答案。

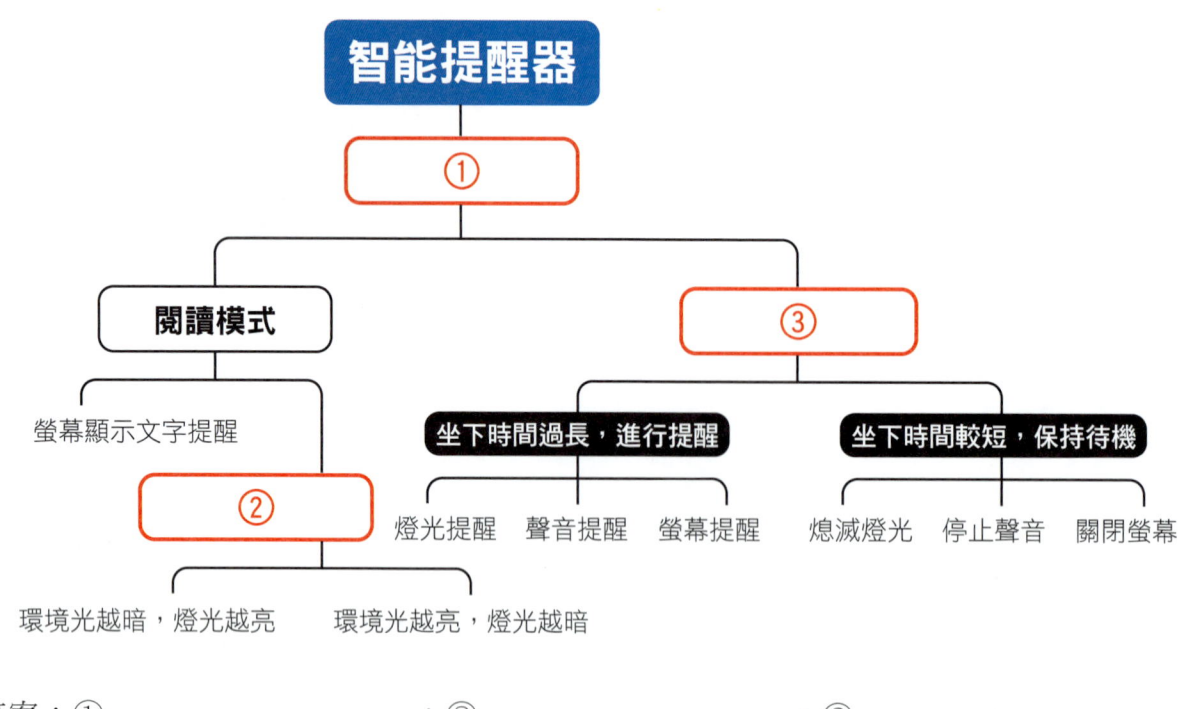

```
                    智能提醒器
                        │
                        ①
                   ┌────┴────┐
                閱讀模式      ③
                   │       ┌──┴──┐
           螢幕顯示文字提醒  坐下時間過長，  坐下時間較短，
                   │        進行提醒      保持待機
                   ②      ┌──┼──┐      ┌──┼──┐
                   │    燈光  聲音  螢幕  熄滅  停止  關閉
              ┌────┴────┐  提醒  提醒  提醒  燈光  聲音  螢幕
        環境光越暗，  環境光越亮，
         燈光越亮     燈光越暗
```

答案：①_____；②_____；③_____。

第 7 課 ｜ 實作題

25 mins

題目名稱：智慧提醒器

題目說明： 製作一個智慧提醒器，在 CyberPi 啟動時可以選擇「閱讀模式」與「久坐模式」兩種模式。

在閱讀模式下，螢幕顯示「閱讀模式」並以 CyberPi 上的光感測器檢測環境亮度，且依照環境亮度調整 LED 燈亮度，在模式中，可以按下 B 鍵退回到模式選擇畫面。

在久坐模式下，螢幕顯示「久坐模式」並在坐下時間過長時，螢幕顯示「坐太久了喔，該起來走動了吧！」且將 LED 燈設為紅燈，當 CyberPi 被搖動後螢幕恢復顯示「請注意坐姿！」，且關閉 LED 燈。

創客題目編號：A035006

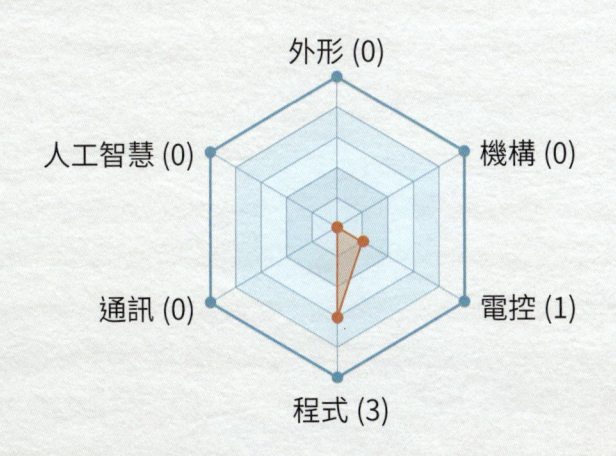

· 創客指標 ·

外形	0
機構	0
電控	1
程式	3
通訊	0
人工智慧	0
創客總數	4

知識能量站

智慧醫療

　　智慧醫療是利用最先進的物聯網技術，實現患者與醫務人員、醫療機構、醫療設備之間的互動，逐步達到資訊化。隨著人工智慧的發展，智慧醫療正在走進日常生活。

　　透過有效的物聯網，可以實現醫院對患者或者是健康和疾病之間的病人之即時診斷與健康提醒，從而有效地減少和控制病患的發生。此外，物聯網技術在藥品管理和用藥環節之應用過程也將會發揮巨大作用。

　　目前借助於物聯網／大數據技術、人工智慧的專家系統以及智慧化設備，正在構建完善的物聯網醫療體系。遠端醫療、電子醫療的使用，有利於全民平等地享受頂級的醫療服務，解決或減少由於醫療資源缺乏，導致看病困難、醫患關係緊張、事故頻發等現象。

第 8 課

網購自助取件

知識小百科 — 智慧物流

智慧物流是指透過智慧硬體、物聯網、大數據等技術與方法，能夠使物流系統模仿人類的智慧，具有思維、感知、學習、推理判斷和自行解決物流中某些問題的能力，提高物流系統分析決策和智慧執行的能力，提升整個物流系統的智慧化、自動化水準。

智慧物流能夠大大降低製造業、物流業等各行業的成本，同時能夠有效實現物流的智慧調度管理，加強物流管理的合理化，降低物流消耗；可以加速物流產業的發展，將分散於多處的物流資源進行集中處理，發揮整體優勢和規模優勢；能夠提供貨物源頭自助查詢和追蹤等多種服務，使消費者獲得更好的購物體驗。

智慧物流集多種服務功能於一體，體現了現代經濟運作特點的需求，即強調資訊流與物流快速、高效、通暢地運轉，能夠降低社會成本，提高生產效率，整合社會資源。

項目分析

現在的物流行業如此發達，物流運輸也十分高效。現在，就讓我們透過 CyberPi 編程學習遊戲機和 mBlock 5 軟體體驗一次「**網購自助取件**」的過程，快點去快遞櫃中取出自己的快遞吧！

以下是「**網購自助取件**」專案功能分析圖，請仔細觀察，並完成這次的項目任務。此程式分為 CyberPi 和 2 個角色進行互動，CyberPi 須為即時模式，2 個角色分別為快遞框和取件按鈕。點選綠色旗子開始程式。

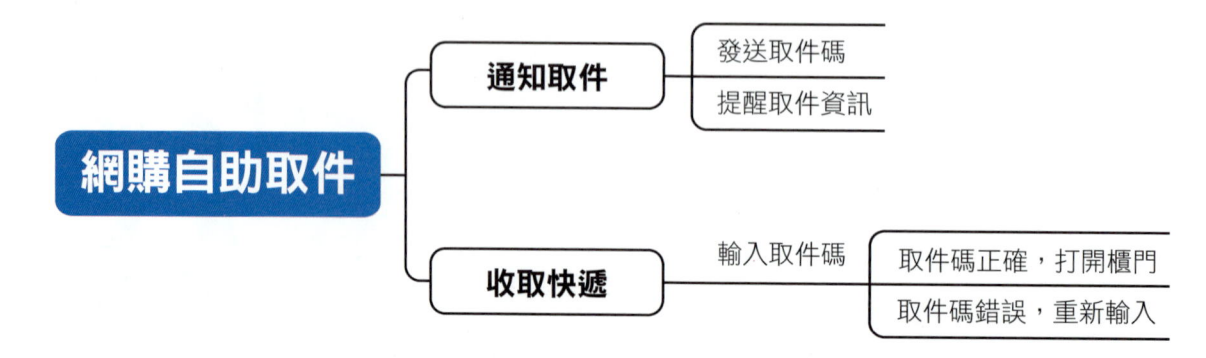

```
網購自助取件 ─┬─ 通知取件 ─┬─ 發送取件碼
              │              └─ 提醒取件資訊
              │
              └─ 收取快遞 ─── 輸入取件碼 ─┬─ 取件碼正確，打開櫃門
                                          └─ 取件碼錯誤，重新輸入
```

程式設計錦囊

1 通知取件 |設備：CyberPi|

Step1. 發送取件碼

快遞被放入快遞櫃後，需要給 CyberPi 發送一個取件碼，並在液晶螢幕上顯示。

積木區	積木	功能
顯示	顯示 makeblock	內容顯示積木。可以在液晶螢幕的顯示幕上顯示自訂的內容。

範例 1

當快遞被放入快遞櫃時，生成並給 CyberPi 發送一個四位數的取件碼。

```
清空畫面
變數 取件碼 ▼ 設為 從 1000 到 9999 隨機選取一個數
顯示 您的快遞已入櫃，取件碼：
顯示 取件碼
```

提示：① 建立變數「取件碼」來儲存生成的取件碼。
② 生成亂數字作為取件碼，程式中設定的是四位數的亂數字，可以自由設定密碼的長度，例如五位數的隨機密碼則將選取亂數的範圍設為 10000 至 99999。
③ 可以對比使用 顯示 makeblock 積木和 顯示 makeblock 並換行 積木兩個積木的呈現效果，觀察兩個積木效果的異同。

Step2. 提醒及時取件

為了提升快遞櫃的使用率，避免一份快遞長期占用位置，當快遞在快遞櫃中超過一定時間，快遞櫃會再次發送資訊提示收件人取走快遞。

範例 2

當超過 24 秒以及 48 秒時，快遞櫃發送資訊提醒及時取件。

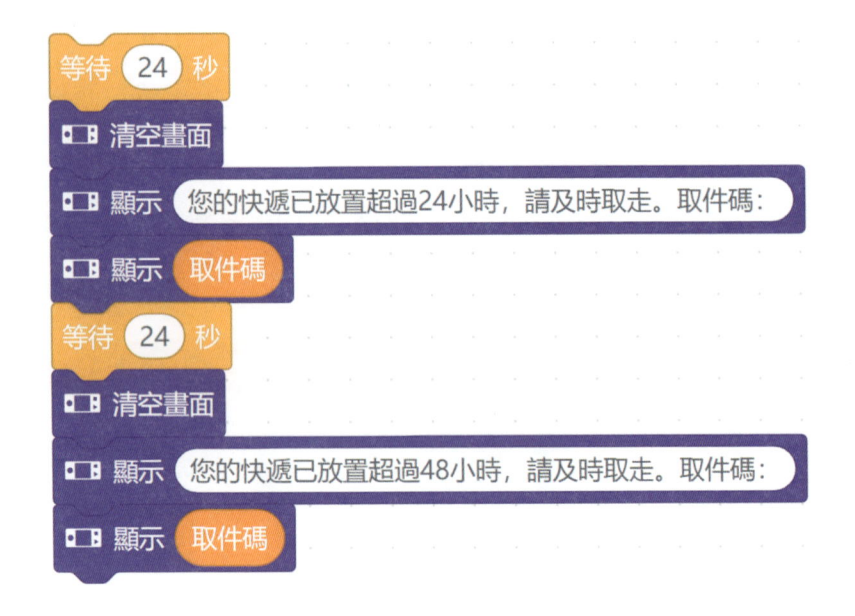

```
等待 24 秒
清空畫面
顯示 您的快遞已放置超過24小時，請及時取走。取件碼：
顯示 取件碼
等待 24 秒
清空畫面
顯示 您的快遞已放置超過48小時，請及時取走。取件碼：
顯示 取件碼
```

② 收取快遞 ｜角色：取件按鈕｜

在收到取件碼後，需要輸入正確的取件碼，才能取出快遞。

積木區	積木	功能
偵測	詢問 你叫什麼名字 並等待	在舞臺區進行提問，並等待輸入回答。
	答案	儲存輸入的回答。

範例 3

輸入取件碼，如果取件碼正確，則說明區間成功，提醒關閉櫃門；否則，提醒取件失敗，則需要重新輸入取件碼。

```
詢問 請輸入取件碼 並等待
如果 〈答案 = 取件碼〉 那麼
    廣播訊息 取件成功 ▼
    說出 取件後請及時關閉櫃門。 2 秒
否則
    說出 輸入錯誤，請核對。 2 秒
```

第 8 課　網購自助取件

取件成功後，快遞櫃櫃門打開，並且給 CyberPi 發送取件成功資訊；取出快遞後，點擊快遞櫃，關閉櫃門。

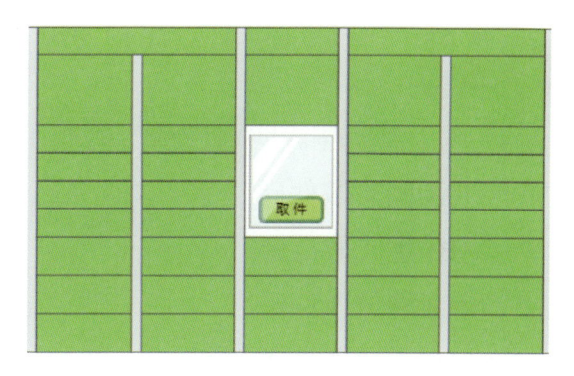

完整程式

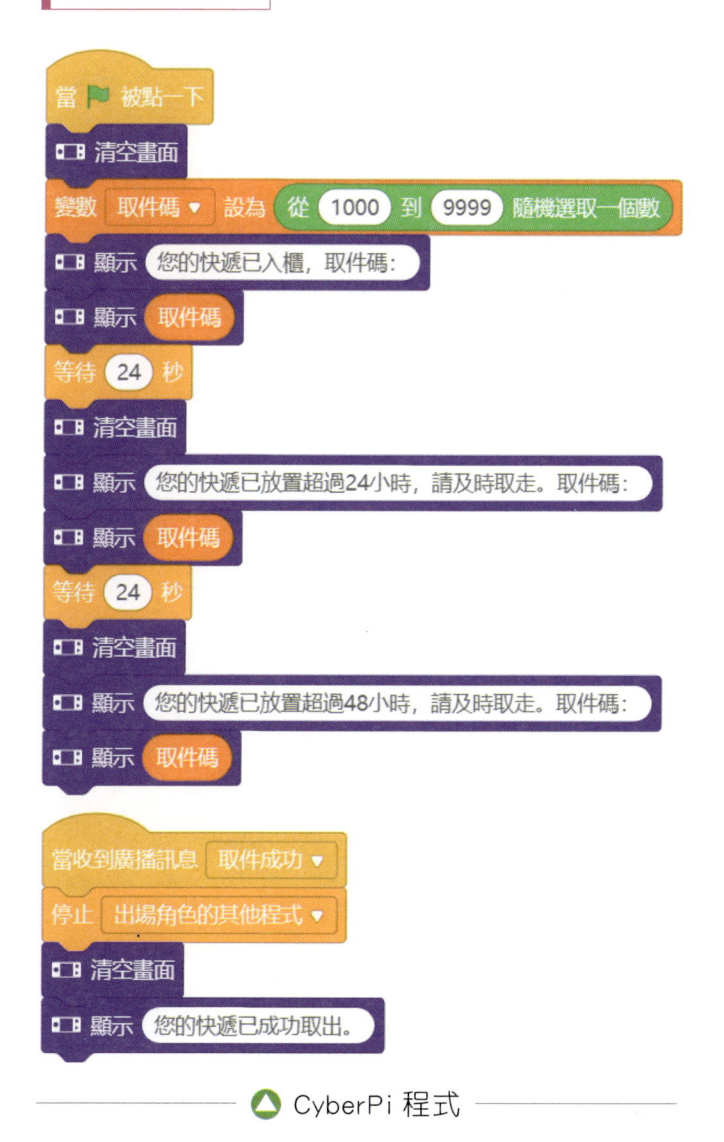

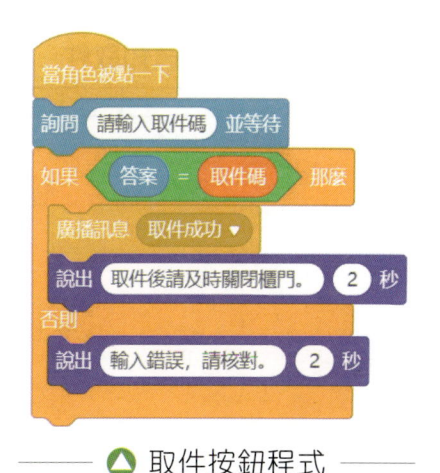

CyberPi 程式

- 當 🏁 被點一下
- 清空畫面
- 變數 取件碼 ▾ 設為 從 1000 到 9999 隨機選取一個數
- 顯示 您的快遞已入櫃，取件碼：
- 顯示 取件碼
- 等待 24 秒
- 清空畫面
- 顯示 您的快遞已放置超過24小時，請及時取走。取件碼：
- 顯示 取件碼
- 等待 24 秒
- 清空畫面
- 顯示 您的快遞已放置超過48小時，請及時取走。取件碼：
- 顯示 取件碼

- 當收到廣播訊息 取件成功 ▾
- 停止 出場角色的其他程式 ▾
- 清空畫面
- 顯示 您的快遞已成功取出。

快遞櫃程式

- 當 🏁 被點一下
- 造型切換為 關門 ▾

- 當收到廣播訊息 取件成功 ▾
- 造型切換為 開門 ▾

- 當角色被點一下
- 造型切換為 關門 ▾

取件按鈕程式

- 當角色被點一下
- 詢問 請輸入取件碼 並等待
- 如果 答案 = 取件碼 那麼
  - 廣播訊息 取件成功 ▾
  - 說出 取件後請及時關閉櫃門。 2 秒
- 否則
  - 說出 輸入錯誤，請核對。 2 秒

小試身手

選擇題

_____ 1. 以下哪一個說明這段積木的作用？
　　(A) 輸入取件碼
　　(B) 生成取件碼
　　(C) 驗證取件碼
　　(D) 發送取件碼資訊。

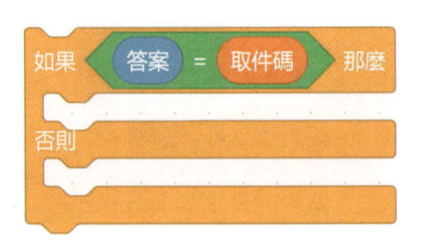

_____ 2. 以下哪一組積木會生成四位元數的密碼？
　　(A) 變數 取件碼 設為 從 555 到 999 隨機選取一個數
　　(B) 變數 取件碼 設為 從 3248 到 9999 隨機選取一個數
　　(C) 變數 取件碼 設為 從 10000 到 99999 隨機選取一個數
　　(D) 變數 取件碼 設為 從 12345 到 99999 隨機選取一個數

填充題

根據這次的學習過程，將下面的思維導圖完整填入答案。

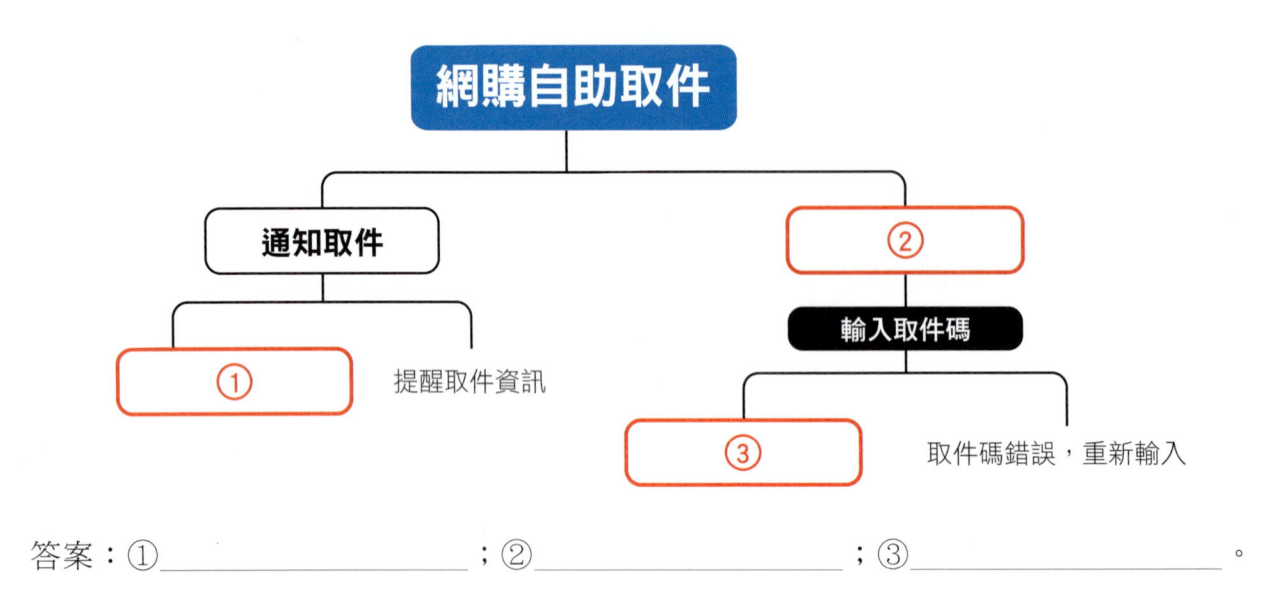

網購自助取件
├── 通知取件
│   └── ① ─ 提醒取件資訊
└── ②
    └── 輸入取件碼
        ├── ③
        └── 取件碼錯誤，重新輸入

答案：①_____；②_____；③_____。

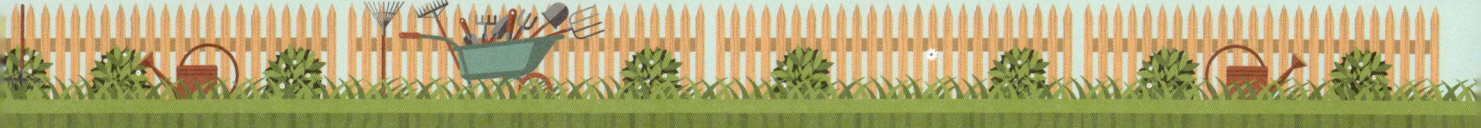

知識能量站

工業機器人

　　工業機器人是廣泛用於工業領域的多關節機械手或多自由度的機器裝置，具有一定的自動型，可以依靠自身的動力能源和控制能力實現各種工業加工製造的功能。

　　相比傳統的工業設備，工業機器人有眾多的優勢，比如機器人具有易用性、智慧化水準高、生產效率及安全性高、易於管理且經濟效益顯著等特點，使得它們可以在高危險環境下進行作業。

1. **搬運機器人**：能夠根據搬運物件的特點，以及搬運物件所歸類的地方，進行高效的分類搬運。
2. **焊接機器人**：廣泛應用於汽車製造行業，在焊接難度、焊接數量、焊接品質等方面就有著人工焊接無法比擬的優勢。
3. **裝配機器人**：相比人工裝配，裝配機器人安裝精度高、靈活性大、耐用程度高，多用於電子零件，汽車精細部件的安裝。
4. **檢測機器人**：能夠替代工作人員在高危險領域進行探測，如核汙染區域、有毒區域，或者是人類無法具體到達的地方，如病人患病部位的探測、地震救災現場的生命探測。

第 9 課

自動駕駛

知識小百科 — 自動駕駛

自動駕駛系統是一個集中運用了先進的資訊控制技術，集環境感知、多等級的輔助駕駛等功能於一體的綜合系統，是汽車在特殊情況下完全取代人或者輔助人進行駕駛的技術。主要包括導航系統、自動駕駛和人工干預三個環節。

- **導航系統**：解決我們在哪裡、到哪裡、走哪條道路中的哪條車道等問題。
- **自動駕駛**：在智慧系統控制下，完成車道保持、自動跟車、紅燈停綠燈行等駕駛行為。
- **人工干預**：駕駛員在智慧系統的一系列提示下，對實際道路情況作出相對應的反應。

發展自動駕駛，對促進國家科技、經濟、社會、生活、安全及綜合國力有重要的作用。自動駕駛可以有效提升交通效率，解決交通擁堵的問題；提高交通安全，減少交通事故的發生；有效減少汙染物排放，改善汽車對城市環境的汙染等。

項目分析

如果「**自動駕駛**」走進日常生活，會是什麼樣的情形？現在就讓我們緊跟技術發展的步伐，借助 mBlock 5 軟體，好好體驗一番「**自動駕駛**」！

以下是「**自動駕駛**」項目功能分析圖，請仔細觀察，並完成這次的項目任務。此功能僅需使用 mBlock 5 軟體，共有 7 個角色，角色分別為住家、醫院、便利店、塔、學校、小車和地標。點選綠色旗子開始程式。

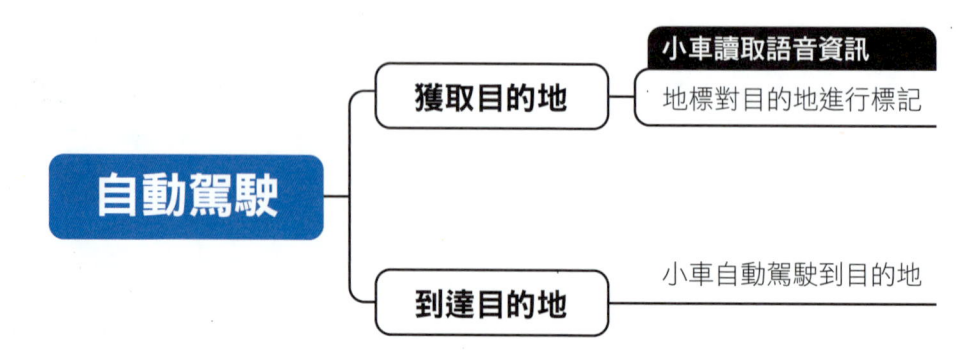

```
自動駕駛 ┬─ 獲取目的地 ┬─ 小車讀取語音資訊
        │              └─ 地標對目的地進行標記
        └─ 到達目的地 ─── 小車自動駕駛到目的地
```

程式設計錦囊

① 確定出發位置 ｜角色：小車｜

小車每天從家附近的位置出發。

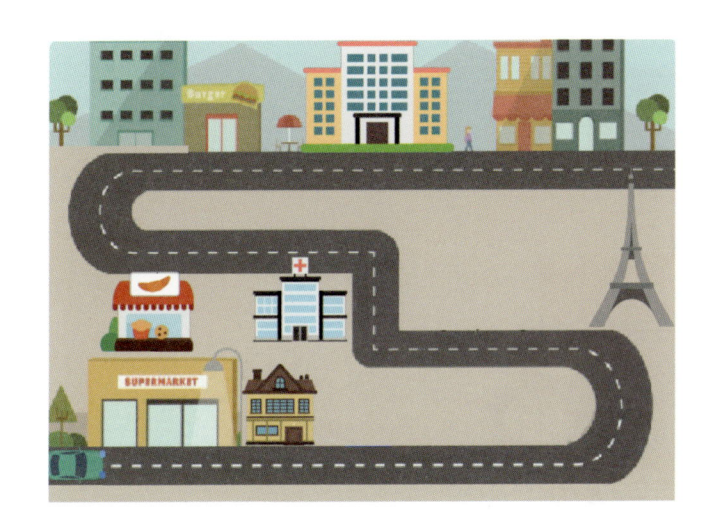

當 ▶ 被點一下
移動到 x: -218 y: -132 位置
面向 90 度

② 獲取目的地

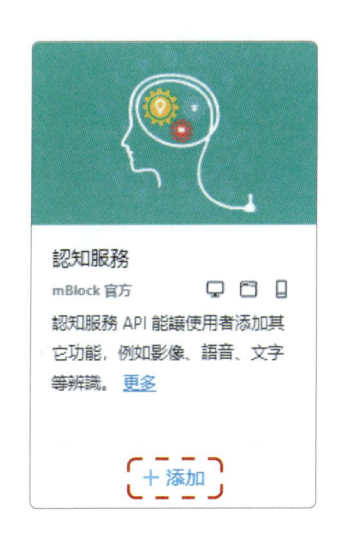

Step1. 小車讀取語音資訊

需要透過「認知服務」擴展中的語音辨識功能，給小車發送目的地指令。

提示：需要確認認知功能如下：
a. 電腦需有麥克風設備。
b. 需登入 makeblock 帳號。
c. 軟體需設定國際版。

認知服務
mBlock 官方
認知服務 API 能讓使用者添加其它功能，例如影像、語音、文字等辨識。更多

+ 添加

積木區	積木	功能
認知服務	開始 中文(繁體)▼ 語音識別，持續 2▼ 秒	進行中文語音辨識。

範例 1

按下空白鍵，小車啟動，並開始識別語音指令

當 空白鍵▼ 鍵被按下
開始 中文(繁體)▼ 語音識別，持續 2▼ 秒

Step2. 地標對目的地進行標記 |角色：地標|

接收到明確的目的地指令後，對應位置出現地標。

範例 2

目標目的地為便利店，原本隱藏的地標在便利店動態顯示。

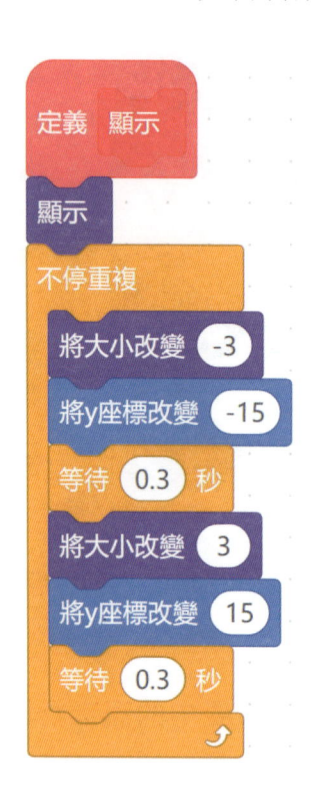

```
當 🏁 被點一下
隱藏
將大小設為 10 %
移到第 移到最上層 ▼ 層
```

```
定義 顯示
顯示
不停重複
    將大小改變 -3
    將y座標改變 -15
    等待 0.3 秒
    將大小改變 3
    將y座標改變 15
    等待 0.3 秒
```

```
當收到廣播訊息 便利店 ▼
移動到 便利店 ▼ 的位置
顯示
```

提示：① 移到最前面積木是將地標的圖層移到最前，避免被建築物遮擋。
② 透過建立與調整地標顯示跳躍函數，可以簡化程式，使程式更清晰。

❸ 獲取目的地 |角色：小車|

在識別了目的地之後，小車需要自己駕駛到目的地，因此小車需要具備兩個功能：
(1) 自動循線：能夠循著道路行駛；(2) 識別目的地：到達目的地後停下。

Step1. 自動循線

可以透過顏色偵測積木來說明小車判斷道路情況，實現自動循線的功能，並且可以利用取色器來獲得小車和道路最準確的顏色值。

```
顏色 ◯ 碰到 顏色 ◯ ?
```

色相 50
飽和度 91
亮度 80

第 9 課　自動駕駛

小車的車身是綠色的，前面兩邊的感測器顏色不一樣，路面顏色和道路兩側的顏色也不一樣，利用這些不同顏色是否碰觸到，來判斷小車是否在道路上行駛、是否需要轉彎。

範例 3

在道路上直行：

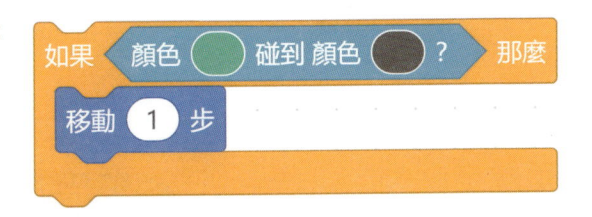

```
如果 <顏色(綠) 碰到 顏色(黑)?> 那麼
    移動 1 步
```

識別彎道，判斷是否轉彎：

右轉彎：小車最左側顏色碰到道路外顏色，說明需要向右轉彎。

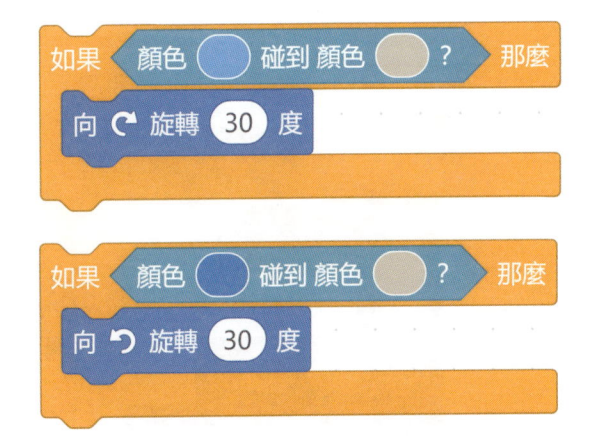

```
如果 <顏色(淺藍) 碰到 顏色(米)?> 那麼
    向 ↻ 旋轉 30 度
```

左轉彎：小車最右側顏色碰到道路外顏色，說明需要向左轉彎。

```
如果 <顏色(深藍) 碰到 顏色(米)?> 那麼
    向 ↺ 旋轉 30 度
```

提示： ① 小車最左側顏色碰到道路外顏色，說明車太靠道路左邊，需要向右轉彎；最右側顏色碰到道路外顏色，說明太靠道路右邊，需要向左轉彎。

② 透過建立並調整小車在道路上前進或轉彎的函數，簡化程式，使程式更清晰。

例如：

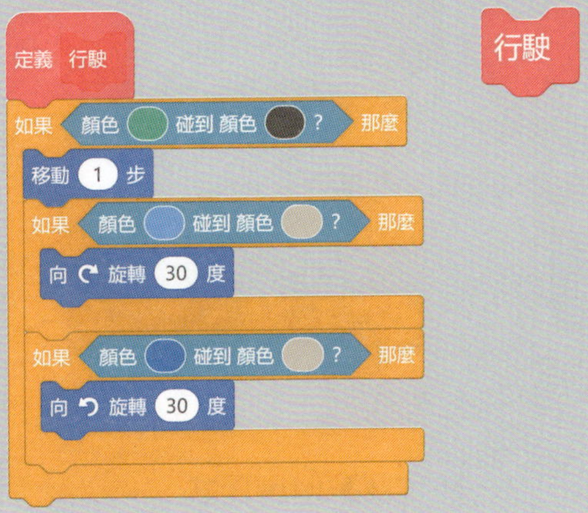

```
定義 行駛
    如果 <顏色(綠) 碰到 顏色(黑)?> 那麼
        移動 1 步
        如果 <顏色(淺藍) 碰到 顏色(米)?> 那麼
            向 ↻ 旋轉 30 度
        如果 <顏色(深藍) 碰到 顏色(米)?> 那麼
            向 ↺ 旋轉 30 度
```

```
行駛
```

④ 識別目的地

可以透過「距離大小」來判斷小車是否到達了目的地。

積木區	積木	功能
偵測	到 滑鼠游標▼ 的距離	獲取角色到滑鼠游標或者某個角色的距離。

範例 4

當小車與角色便利店的距離小於 55 時，停止行駛。

```
重複直到  到 便利店▼ 的距離 小於 55
    行駛
```

完整程式

```
當 ▶ 被點一下
隱藏
將大小設為 10 %
移到第 移到最上層▼ 層
```

```
當收到廣播訊息 塔▼
移動到 塔▼ 的位置
顯示
```

```
定義 顯示
顯示
不停重複
    將大小改變 -3
    將y座標改變 -15
    等待 0.3 秒
    將大小改變 3
    將y座標改變 15
    等待 0.3 秒
```

```
當收到廣播訊息 便利店▼
移動到 便利店▼ 的位置
顯示
```

```
當收到廣播訊息 學校▼
移動到 學校▼ 的位置
顯示
```

```
當收到廣播訊息 家▼
移動到 家▼ 的位置
顯示
```

```
當收到廣播訊息 醫院▼
移動到 醫院▼ 的位置
顯示
```

▲ 地標程式

第 9 課　自動駕駛

小車程式

小試身手

選擇題

_____ 1. 結合專案的實現過程，思考紅框中的積木的作用是什麼？
   (A) 讓小車在抵達家後停止
   (B) 讓地標出現在家的位置
   (C) 判斷目的地是否是家
   (D) 小車開始行駛。

_____ 2. 以下哪一組積木可以說明小車判斷是否需要轉彎？

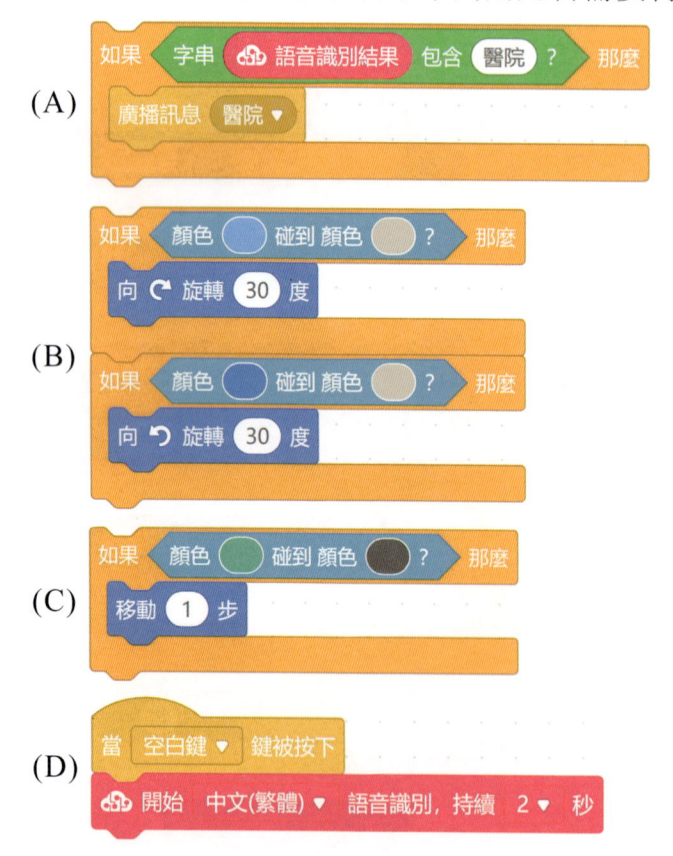

   (A)

   (B)

   (C)

   (D)

填充題

根據這次的學習過程,將下面的思維導圖完整填入答案。

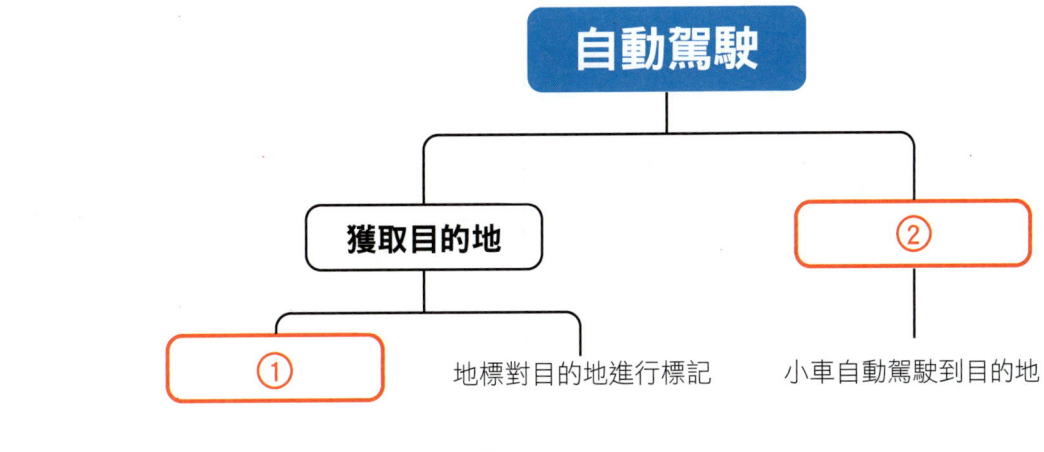

```
                    自動駕駛
                   /        \
            獲取目的地         ②
           /      \            |
         ①    地標對目的地進行標記    小車自動駕駛到目的地
```

答案:①_____;②_____。

知識能量站

語音辨識

　　語音辨識技術，打破了人與機器進行語音交流的障礙，可以讓機器明白你說的是什麼。在目前的智慧駕駛系統中，已經實現了用語音控制完成地圖導航、空調控制、車窗升降、座椅調整、雨刷啟動、甚至是啟動和熄火等控制操作。但是，目前語音辨識技術仍有需要改善的空間。

1. **使用場景有限**：如果背景聲音比較吵雜，可能無法分辨出目標指令。
2. **中文識別難度高**：由於中文的博大精深，語詞含意十分豐富，目前的語音辨識技術暫未能破譯所有的地方方言，不能顧及所有詞彙的含意。
3. **交互模式待優化**：目前的語音辨識，都需要一些特定詞彙去喚醒目標物件，例如「你好，XX」、「嘿，XX」，需要一定的交互反應時間，且語音缺少情感變化。
4. **錯誤操作機率大**：目前國內的語音辨識準確率已達到 97%，但是實際使用中還是會產生錯誤操作或者無法識別的現象，在汽車高速行駛的過程中，若發生錯誤操作，會在一定程度上影響行駛安全。

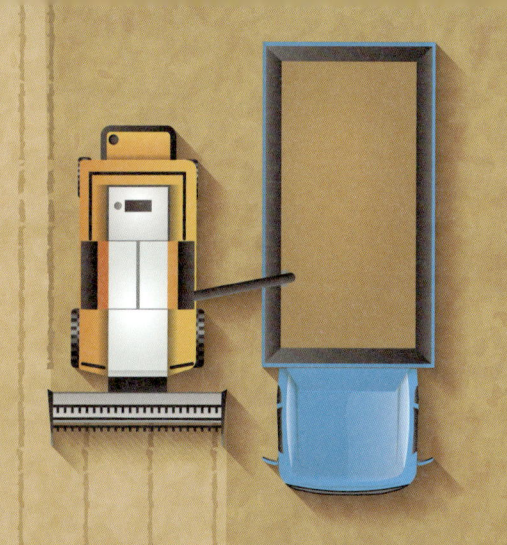

第 10 課

公車即時動態資訊

知識小百科 — 智慧交通

　　智慧交通系統又稱智慧運輸系統，是將先進的科學技術有效地結合運用於交通運輸、服務控制和車輛製造，加強車輛、道路、使用者三方之間的連結，從而建立起一種大範圍內、全方位發揮作用的，即時、準確、高效的綜合運輸和管理系統。

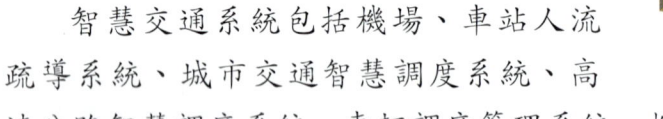

　　智慧交通系統包括機場、車站人流疏導系統、城市交通智慧調度系統、高速公路智慧調度系統、車輛調度管理系統、機動車自動控制系統等。

　　透過人、車、路的和諧與密切配合，智慧交通系統可以大大提高交通運輸效率，緩解交通堵塞壓力，提高車流通過速度，減少交通事故，降低能源消耗，減輕環境汙染。

　　目前，世界上智慧交通系統應用最廣泛的是日本，其次是美國和歐盟。中國的北京、上海、廣州等大城市已經建設了先進的智慧交通系統。隨著科學技術的發展，智慧交通系統將在交通運輸行業得到越來越廣泛的運用。

項目分析

　　智慧公車系統是智慧交通系統的重要組成部分，透過智慧公車系統能夠收集和處理車輛的位置、載客數量、行駛路況等資料資訊，為乘客提供**「公車即時動態資訊」**。比如：根據車輛的位置和路況，推算出公車還有多遠以及還有多久時間到站。現在童心小鎮的居民可以透過**「公車即時動態資訊」**查詢小鎮公車的行駛情況了。

　　以下是**「公車即時動態資訊」**項目功能分析圖，請仔細觀察，並完成這次的項目任務。此程式分為 CyberPi 和 3 個角色進行互動，CyberPi 須為即時模式，3 個角色分別為 Bus、School1 和 House21。點選綠色旗子開始程式。

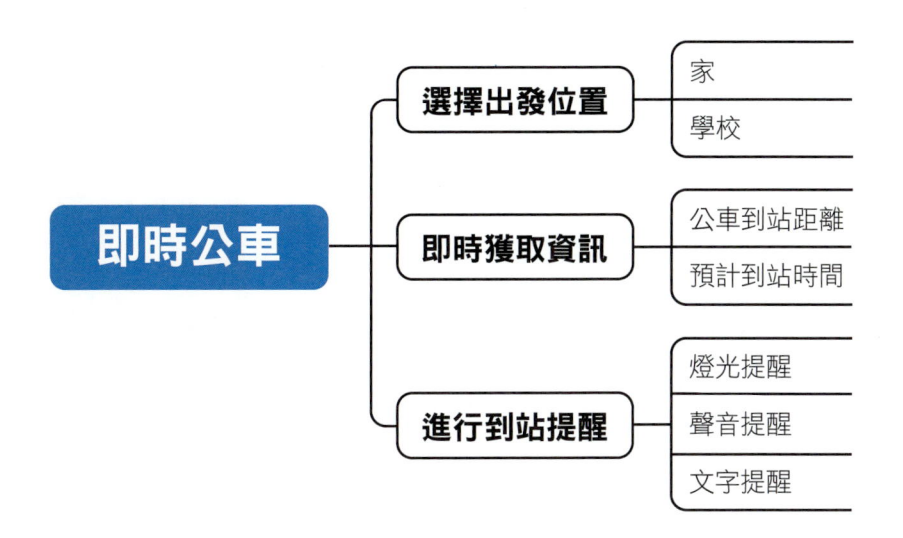

```
                    ┌── 選擇出發位置 ──┬── 家
                    │                  └── 學校
                    │
即時公車 ───────────┼── 即時獲取資訊 ──┬── 公車到站距離
                    │                  └── 預計到站時間
                    │
                    └── 進行到站提醒 ──┬── 燈光提醒
                                       ├── 聲音提醒
                                       └── 文字提醒
```

程式設計錦囊

1 選擇出發位置

設計公車每次都是從童心公園出發，按順時針方向行駛。可以給每個站牌編號，分別用 1～8 數字對應地圖上的 8 個公車站牌，以便於清楚獲得公車的到站情況。將「童心公園」設為 1 號站牌，「家」為 3 號站牌，「童心學校」為 7 號站牌。

童心小鎮1號公車

童心公園　童心大廈　家

童心警察局　　　　童心醫院

童心學校　童心博物館　童心超市

95

範例 1

當按下 CyberPi 的 A 鍵，選擇從「家」的公車站出發。

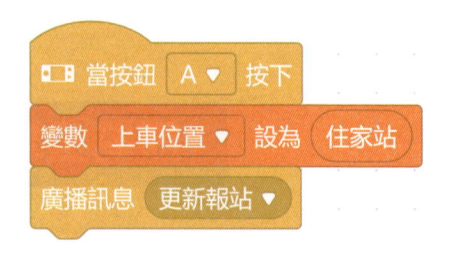

> 提示：可以透過創建變數「上車位置」，用來記錄乘客當前位置的站牌序號。

[程式積木：當按鈕 A 按下／變數 上車位置 設為 住家站／廣播訊息 更新報站]

② 即時獲取資訊

(1) 獲取公車到站距離

因為公車在不斷地運行，可以透過變數「公車位置」來記錄公車當前所在站牌的位置，和「上車位置」一樣，可以分別用 1～8 數字對應地圖上的 8 個公車站牌。所以乘客的「上車位置」與「公車位置」會存在三種關係。

關係	對應情況
上車位置＞公車位置	公車未到站
上車位置＜公車位置	公車已過站，需要等下一趟
上車位置＝公車位置	公車已到站

當上車位置＞公車位置時，公車還未到站：公車距離＝上車位置－公車位置。

範例 2

乘客在 3 號站牌（家），公車在 1 號站牌（童心公園），此時公車距離乘客 2 站，在 CyberPi 上顯示「公車還有 XX 站」。

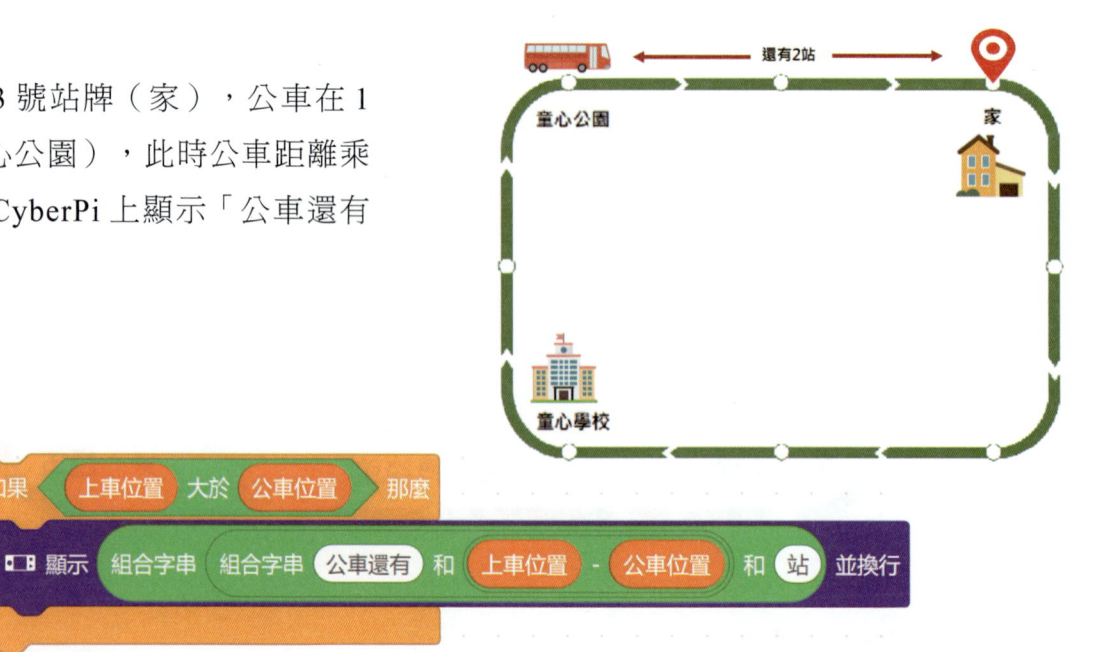

[程式積木：如果 上車位置 大於 公車位置 那麼／顯示 組合字串 組合字串 公車還有 和 上車位置－公車位置 和 站 並換行]

當上車位置＜公車位置時，本趟公車已過站，需要等下一趟：公車距離＝8－公車位置＋上車位置。先計算公車跑完當前圈還有多少站，再計算到達上車位置還需要多少站。

範例 3

乘客在 3 號站牌（家），公車在 7 號站牌（童心學校），此時公車距離乘客 4 站，在 CyberPi 上顯示「公車還有 XX 站」。

```
如果 〔上車位置〕 小於 〔公車位置〕 那麼
    顯示 組合字串 組合字串 「公車還有」 和 （8 - 公車位置 + 上車位置） 和 「站」 並換行
```

（2）預計到站時間

一般情況下，公車行駛一站需要 3 分鐘。到站所需時間＝公車到站距離 ×3。

範例 4

① 上車位置大於公車位置：乘客在 3 號站牌（家），公車在 1 號站牌（童心公園），此時公車距離乘客 2 站，預計到站時間為 6 分鐘。

```
顯示 組合字串 組合字串 「大約還需」 和 （上車位置 - 公車位置）* 3 和 「分鐘」 並換行
```

② 上車位置小於公車位置：乘客在 3 號站牌（家），公車在 7 號站牌（童心學校），此時公車距離乘客 4 站，預計到站時間為 12 分鐘。

```
顯示 組合字串 組合字串 「大約還需」 和 （8 - 公車位置 + 上車位置）* 3 和 「分鐘」 並換行
```

3 到站提醒

如果公車到站，可以透過 CyberPi 進行提示。

範例 5

如果公車到站，那麼 CyberPi 播放聲音提醒、顯示文字提醒、顯示燈光提醒。

> 提示：公車到站提醒之後，需要清空原有的上車位置選擇，以便於下一次重新選擇站牌。

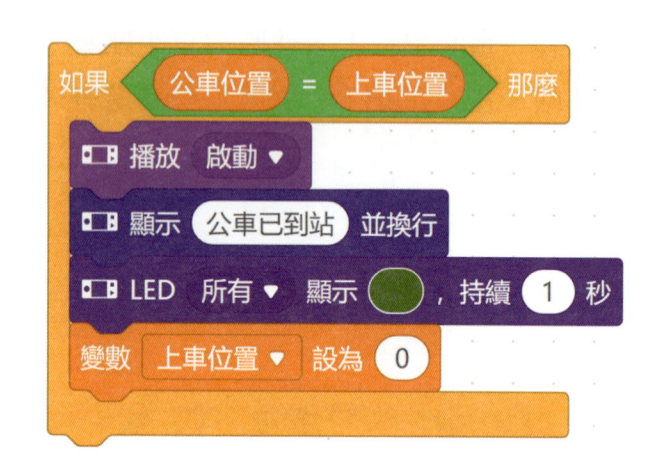

```
如果 〔公車位置 = 上車位置〕那麼
    播放 啟動▼
    顯示 〔公車已到站〕並換行
    LED 所有▼ 顯示 ●，持續 1 秒
    變數 上車位置▼ 設為 0
```

4 自動更新公車資訊

在乘客定位後，公車每到一站，便自動更新一次公車資訊，並將資訊發送給 CyberPi，直到公車到達乘客所在站牌。進入角色 Bus 的程式設計介面，可以看到公車運行的預置程式，其中「1-2」表示公車從 1 號站行駛到 2 號站，其它自製積木以此類推。因此，可以在車輛每到一個站後加入廣播積木，廣播「更新報站」，即時獲取公車的行駛資訊。

```
當 ▶ 被點一下
1號站點
廣播訊息 更新報站▼
不停重複
    1-2
    廣播訊息 更新報站▼
```

第 10 課　公車即時動態資訊

完整程式

―― CyberPi 程式 ――

―― 住家（House 21）程式 ――　　―― 學校（School 1）程式 ――

公車（Bus）程式

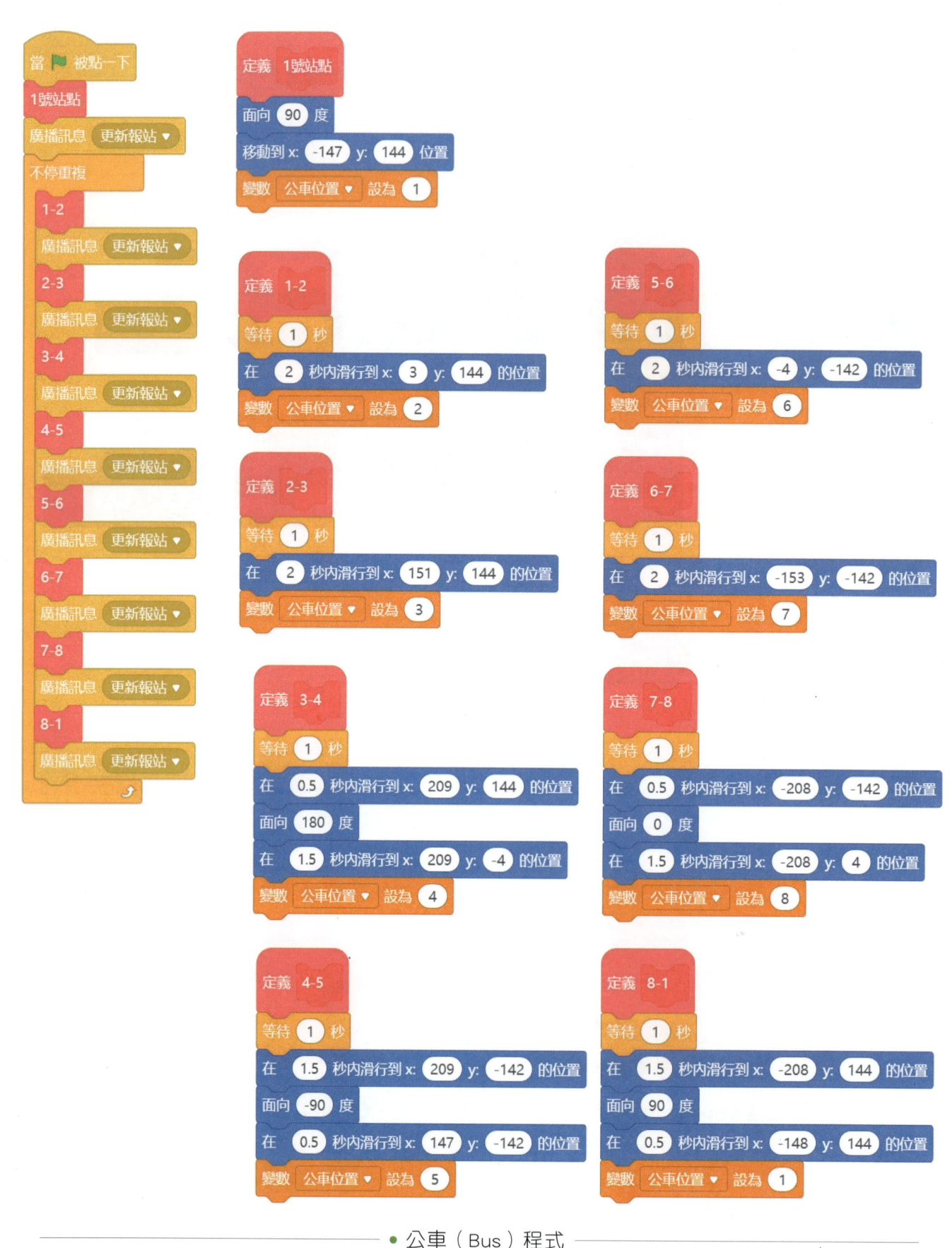

主程式：
當 🚩 被點一下
- 1號站點
- 廣播訊息 更新報站
- 不停重複
  - 1-2
  - 廣播訊息 更新報站
  - 2-3
  - 廣播訊息 更新報站
  - 3-4
  - 廣播訊息 更新報站
  - 4-5
  - 廣播訊息 更新報站
  - 5-6
  - 廣播訊息 更新報站
  - 6-7
  - 廣播訊息 更新報站
  - 7-8
  - 廣播訊息 更新報站
  - 8-1
  - 廣播訊息 更新報站

定義 1號站點：
- 面向 90 度
- 移動到 x: -147 y: 144 位置
- 變數 公車位置 設為 1

定義 1-2：
- 等待 1 秒
- 在 2 秒內滑行到 x: 3 y: 144 的位置
- 變數 公車位置 設為 2

定義 2-3：
- 等待 1 秒
- 在 2 秒內滑行到 x: 151 y: 144 的位置
- 變數 公車位置 設為 3

定義 3-4：
- 等待 1 秒
- 在 0.5 秒內滑行到 x: 209 y: 144 的位置
- 面向 180 度
- 在 1.5 秒內滑行到 x: 209 y: -4 的位置
- 變數 公車位置 設為 4

定義 4-5：
- 等待 1 秒
- 在 1.5 秒內滑行到 x: 209 y: -142 的位置
- 面向 -90 度
- 在 0.5 秒內滑行到 x: 147 y: -142 的位置
- 變數 公車位置 設為 5

定義 5-6：
- 等待 1 秒
- 在 2 秒內滑行到 x: -4 y: -142 的位置
- 變數 公車位置 設為 6

定義 6-7：
- 等待 1 秒
- 在 2 秒內滑行到 x: -153 y: -142 的位置
- 變數 公車位置 設為 7

定義 7-8：
- 等待 1 秒
- 在 0.5 秒內滑行到 x: -208 y: -142 的位置
- 面向 0 度
- 在 1.5 秒內滑行到 x: -208 y: 4 的位置
- 變數 公車位置 設為 8

定義 8-1：
- 等待 1 秒
- 在 1.5 秒內滑行到 x: -208 y: 144 的位置
- 面向 90 度
- 在 0.5 秒內滑行到 x: -148 y: 144 的位置
- 變數 公車位置 設為 1

小試身手

選擇題

_____ 1. 請填入下列程式空格

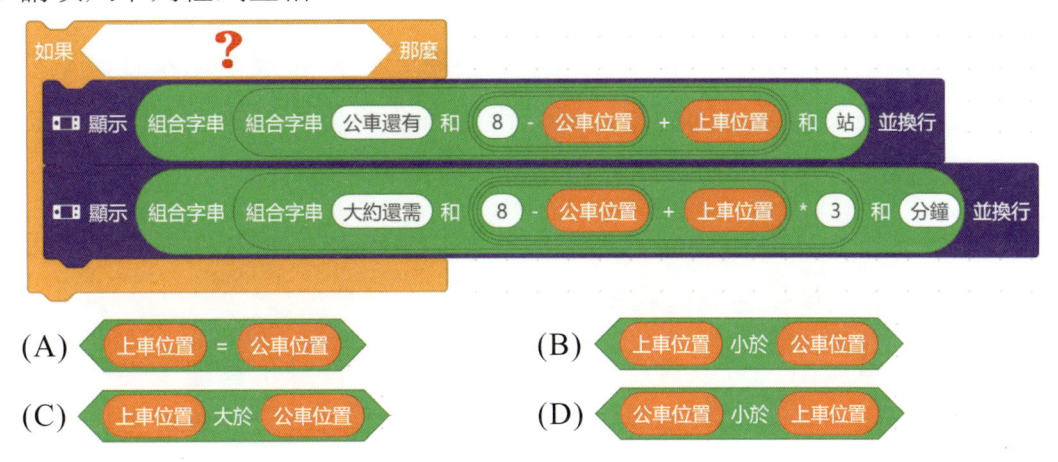

```
如果 [ ? ] 那麼
  顯示 組合字串 組合字串 「公車還有」 和 8 - 公車位置 + 上車位置 和 「站」 並換行
  顯示 組合字串 組合字串 「大約還需」 和 (8 - 公車位置 + 上車位置) * 3 和 「分鐘」 並換行
```

(A) 上車位置 = 公車位置　　(B) 上車位置 小於 公車位置

(C) 上車位置 大於 公車位置　　(D) 公車位置 小於 上車位置

_____ 2. 以下哪種說法是錯誤的？

(A) 乘客獲取即時公車資訊，可以合理安排自己的出行時間

(B) 即時公車資訊查詢，可以提供公車到站距離、到站時間、地圖定位等服務

(C) 即時公車資訊查詢不屬於智慧公車的一部分

(D) 智慧公車系統可以透過智慧化的方式收集和處理資訊，說明合理調整公車的運營規則。

填充題

根據這次的學習過程，將下面的思維導圖完整填入答案。

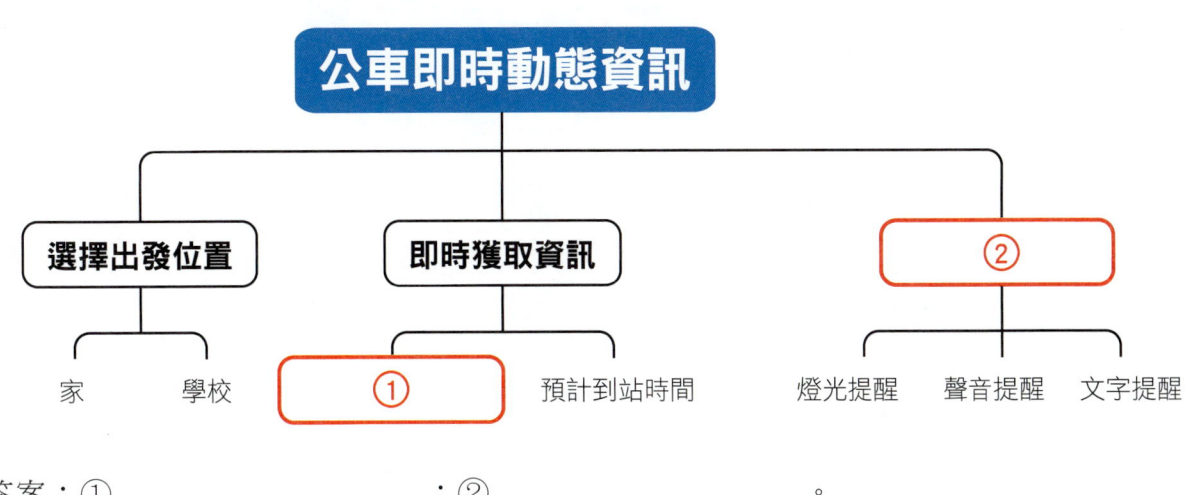

```
                    公車即時動態資訊
         ┌──────────────┼──────────────┐
    選擇出發位置     即時獲取資訊           ②
      ┌───┐        ┌────┼────┐      ┌────┼────┐
      家  學校      ①   預計到站時間  燈光提醒 聲音提醒 文字提醒
```

答案：①_____；②_____。

知識能量站

智慧城市

　　智慧城市，是基於物聯網、大數據等新一代資訊技術以及社交網路、綜合集成法等工具和方法的應用，將城市的系統和服務打通、整合，以提升資源運用的效率，優化城市管理和服務及改善市民生活品質。

　　智慧城市強調城市的服務導向，注重以人為本，旨在為城市發展及每一位市民塑造公共價值並創造獨特價值。

　　建設智慧城市，可以實現對城市的精細化和智慧化管理，從而減少資源消耗，降低環境汙染，解決交通擁堵，消除安全隱患，最終實現城市的可持續發展；能夠帶動人工智慧、物聯網、雲端等科學技術的快速發展，對臺灣綜合競爭力的全面提高具有戰略意義。

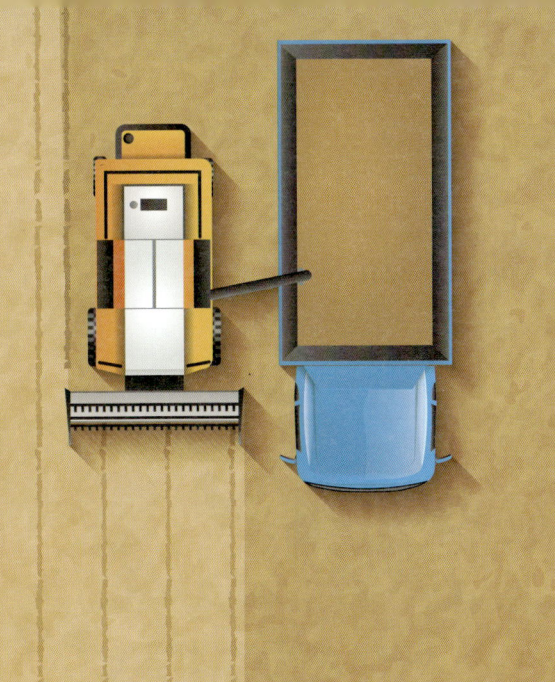

第 11 課

眼花手亂

知識小百科 — 小遊戲

「小遊戲」是相對於檔案龐大的單機遊戲及網路遊戲而言，泛指所有檔案較小、玩法簡單的遊戲，通常這類遊戲以休閒益智類為主，不用花費過多的時間和精力。

小遊戲是原始的遊戲娛樂方式，本身是為了說明人們在工作、學習後的一種娛樂、休閒方式。主要有操作簡單、內容易懂、耐玩性好、娛樂性高、不分年齡層次、甚至有益身心健康、玩法豐富新穎等特點。

項目分析

現在你是一名初級的遊戲設計師，設計製作了一款能夠考驗反應力的小遊戲—「**眼花手亂**」，想邀請玩家體驗你的遊戲，同時透過玩家的回饋，優化完善「眼花手亂」。

以下是「**眼花手亂**」項目功能分析圖，請仔細觀察，並完成這次的項目任務。程式撰寫完成後，切換成上傳模式，上傳程式到 CyberPi 執行功能。

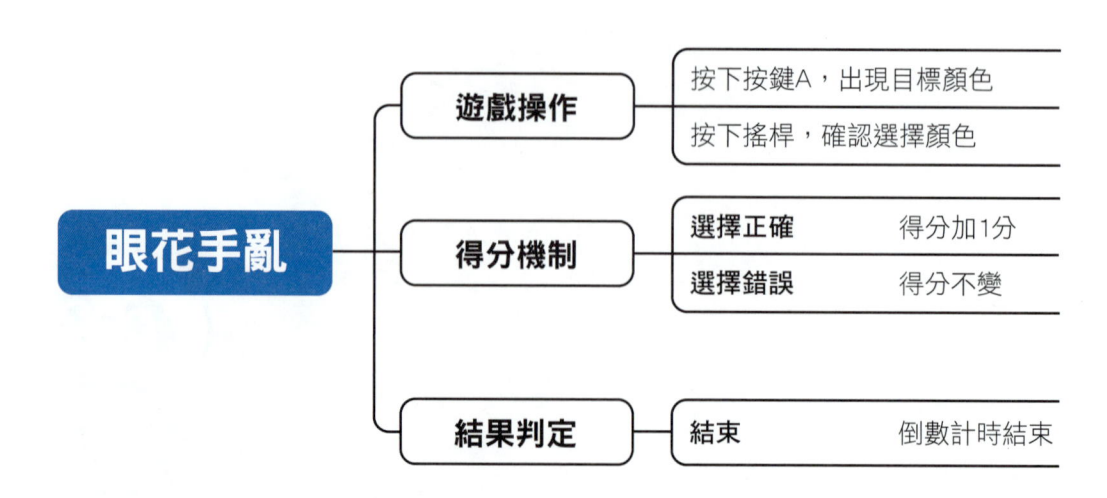

眼花手亂	遊戲操作	按下按鍵A，出現目標顏色
		按下搖桿，確認選擇顏色
	得分機制	選擇正確　得分加1分
		選擇錯誤　得分不變
	結果判定	結束　　　倒數計時結束

程式設計錦囊

1 遊戲操作

(1) 按下按鍵，出現目標顏色

① 添加遊戲開始提示語

在遊戲啟動時，可以在 CyberPi 的液晶螢幕上顯示遊戲的玩法提示。

範例 1

在 CyberPi 的液晶螢幕上顯示遊戲名稱【眼花手亂】和遊戲規則「在燈條顏色與文字顏色內容相同時，按壓搖桿來得分」、「按下按鍵【A】開始遊戲」。

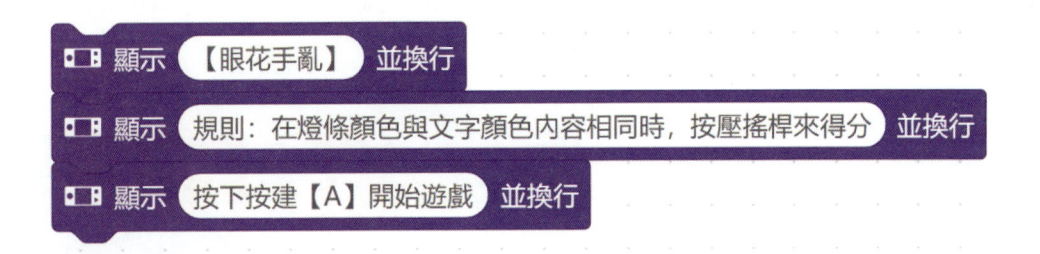

```
顯示 【眼花手亂】 並換行
顯示 規則: 在燈條顏色與文字顏色內容相同時, 按壓搖桿來得分 並換行
顯示 按下按建【A】開始遊戲 並換行
```

② 按下按鍵，遊戲開始

按下按鍵 A，初始化遊戲資料，進入遊戲。

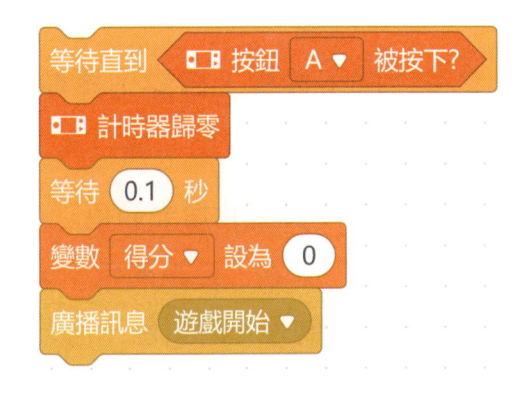

```
等待直到 按鈕 A▼ 被按下?
計時器歸零
等待 0.1 秒
變數 得分▼ 設為 0
廣播訊息 遊戲開始▼
```

提示：① 變數得分是為了記錄遊戲得分，在遊戲開始時需要將得分歸零。
② 計時器可以記錄遊戲時間，在遊戲開始時需要將計時器歸零。

③ 系統隨機出題

目標效果是每一次 CyberPi 出題時會在「紅、黃、藍」三個文字中隨機選取一個字呈現在螢幕上。可以透過變數「題目」實現系統隨機出題的效果。

範例 2

題目為 1 時，出現「紅」字。

> 提示：① 重複執行積木是為了讓題目不斷更新。
> ② 透過調整等待積木中的參數可以調節遊戲難度。

```
不停重複
    變數 題目▼ 設為 從 1 到 3 隨機選取一個數
    如果 〈題目 = 1〉那麼
        清空畫面
        顯示 紅
    等待 3 秒
```

④ 干擾資訊

為了讓遊戲更具備挑戰性，可以在題目中添加一些干擾資訊來影響玩家的判斷。可以對文字添加顏色，並在液晶螢幕上隨機顯示不同顏色的文字。

範例 3

顯示黃色的「紅」字。

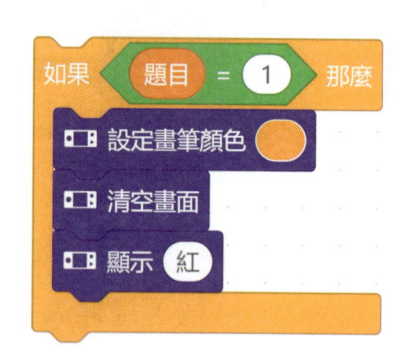

```
如果 〈題目 = 1〉那麼
    設定畫筆顏色 ●
    清空畫面
    顯示 紅
```

(2) 按下搖桿，確認選擇顏色

在 CyberPi 出完題目後，玩家可以在變化的燈光顏色中選擇與題目對應的顏色。

① 不斷變化燈光顏色

建立「燈光顏色」變數，與「題目」變數一樣，透過對變數的值進行設定來控制燈光的顏色，也方便之後用於判斷燈光顏色選擇是否正確。

範例 4

燈光顏色為 1 時，CyberPi 亮紅燈。

> 提示：等待一秒是為了給玩家有時間進行選擇，時間越短，遊戲難度越大。

```
變數 題目▼ 設為 從 1 到 3 隨機選取一個數
如果 〈燈光顏色 = 1〉那麼
    LED 所有▼ 顯示 ●
等待 1 秒
```

② 得分機制

可以透過建立「得分」變數記錄玩家的分數，當選擇的燈光顏色與題目中的文字所代表的顏色對應，「得分」加 1 分。

範例 5

按下搖桿，如果選擇正確，得分加 1 分，並在 CyberPi 上顯示當前得分；選擇錯誤，不加分，在 CyberPi 上提示「錯誤」。

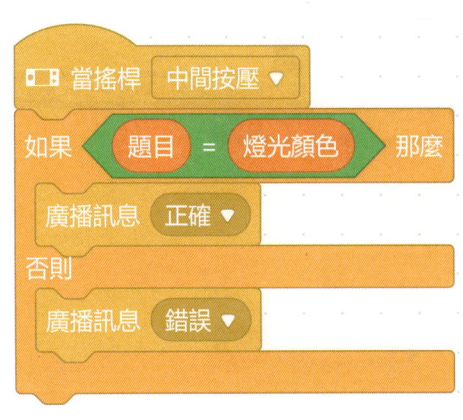

選擇正確：

選擇錯誤：

提示：可以嘗試給判斷結果添加不同的聲音效果。

③ 結果判定

設定每一局遊戲的時間。

範例 6

遊戲開始時進行計時，30 秒後，遊戲結束並顯示最終得分，同時提醒可以重新開始遊戲。

提示：可以透過 重啟 CyberPi 積木，將設備重新開機，進入下一局遊戲。

第 11 課　眼花手亂

107

完整程式

▲ CyberPi 程式

小試身手

選擇題

_____ 1. 以下哪一個選項是這段積木的作用？
　　(A) 使 CyberPi 的燈光切換顏色
　　(B) 讓玩家選擇燈光顏色
　　(C) 讓 CyberPi 進行提問
　　(D) 清除 CyberPi 液晶螢幕畫面。

_____ 2. 以下哪一組積木可以判斷玩家的答案是否正確？

填充題

根據這次的學習過程，將下面的思維導圖完整填入答案。

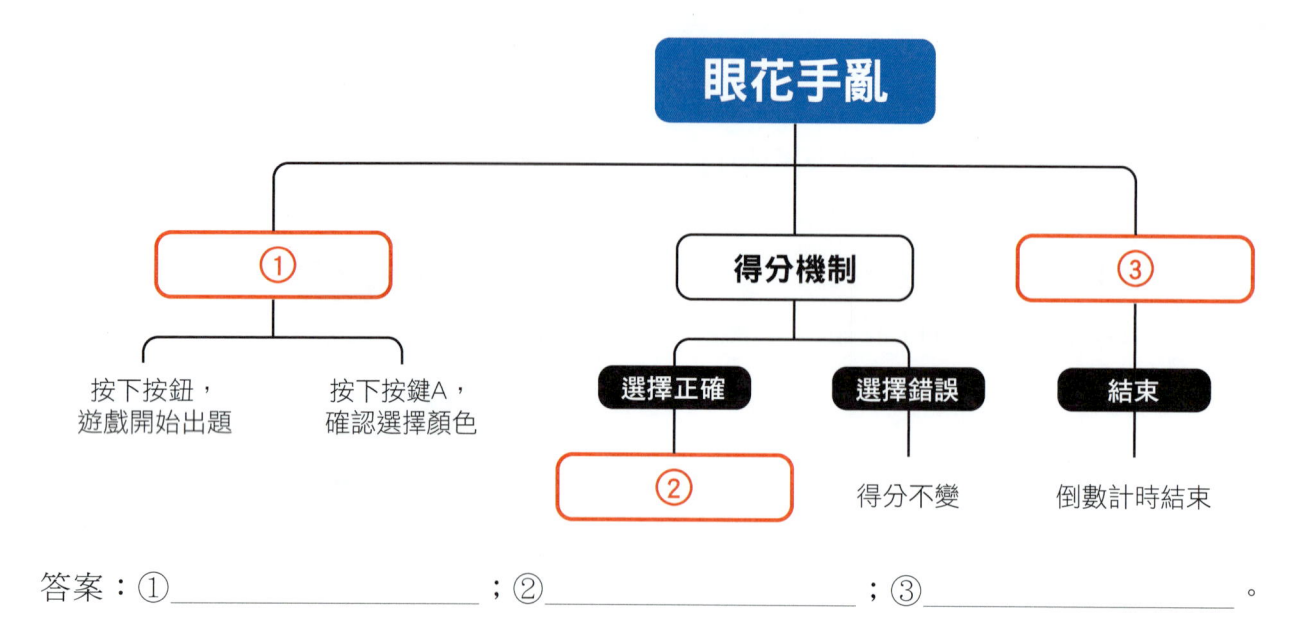

```
                           眼花手亂
        ┌───────────────────┼───────────────────┐
        ①                 得分機制                ③
        │            ┌──────┴──────┐             │
   按下按鈕，     按下按鍵A，    選擇正確      選擇錯誤      結束
   遊戲開始出題  確認選擇顏色      │             │           │
                              ②           得分不變    倒數計時結束
```

答案：①_____；②_____；③_____。

第 11 課 ｜ 實作題

40 mins

題目名稱：眼花手亂

題目說明： 製作一台眼花手亂遊戲機，當遊戲開始時，計時 30 秒並使用 CyberPi 的螢幕顯示「紅、黃、藍」三個文字其中一個字，並且使用隨機顏色作為字體的顏色，且在 LED 燈顏色與文字對應時按下按鈕，選擇正確分數加 1 分，反之，分數不變。並在結束時在螢幕上顯示得分。

創客題目編號：A035007

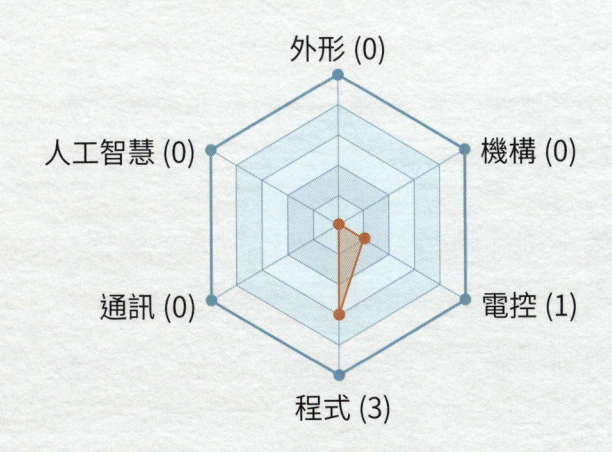

外形 (0)
機構 (0)
電控 (1)
程式 (3)
通訊 (0)
人工智慧 (0)

· 創客指標 ·

外形	0
機構	0
電控	1
程式	3
通訊	0
人工智慧	0
創客總數	4

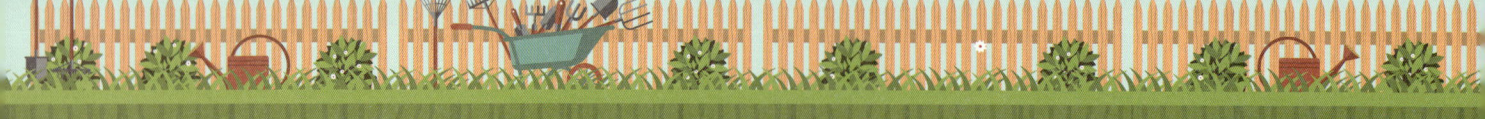

知識能量站

遊戲設計

　　遊戲本身是具有特定行為模式、規則條件、身心娛樂及勝負輸贏的一種行為表現。

　　製作遊戲，首先要設計遊戲，這是遊戲設計師的任務。遊戲設計師要預想到遊戲在玩的過程中如何工作、創建物件、規則和過程，負責規劃所必須的一切來生成引人入勝的遊戲體驗，透過遊戲玩家的視角來看待遊戲世界。

1. **遊戲主題**：是設計遊戲的開端，其目的是讓玩家清楚知道遊戲要表現的是什麼。包括：遊戲的時代、背景、人物和目的。

2. **遊戲系統**：遊戲系統決定了遊戲的基本玩法類型，例如角色扮演、動作、策略、益智等，需要明確遊戲給誰玩、玩什麼和怎麼玩三個要素。

3. **遊戲控制流程**：用於控制整個遊戲的動作過程，即：遊戲如何開始和遊戲如何結束。

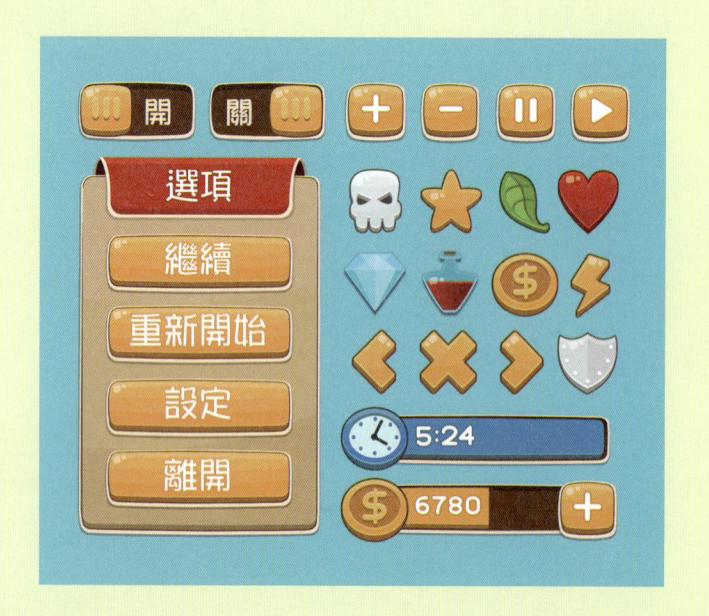

第 12 課

看我指揮

知識小百科 — 遊戲中的資料

遊戲是一個基於視聽體驗的認知過程，遊戲中往往會使用大量的視覺化元素來說明，讓玩家更好地探索遊戲世界、認知操控角色與周圍環境，以此來提升玩家的遊戲體驗。同時，遊戲本身會產生一系列的資料，如玩家控制指令資料、角色移動軌跡資料等。遊戲設計師與遊戲玩家可以透過對這些資訊進行分析與理解，藉此提升遊戲體驗或遊戲水準。

遊戲中的資料可以向玩家展示遊戲的一些屬性，如血量、法力值、遊戲進度、遊戲貨幣數量等。同時在遊戲結果的判定、遊戲角色的選取以及遊戲難度的選擇，也都是需要用到資料進行模式匹配。

項目分析

化身為遊戲設計師的你已經成功製作了第一個單機小遊戲，現在有一款可以鍛鍊反應力的遊戲——**「看我指揮」**在等著你挑戰，快去瞭解一下**「看我指揮」**到底是如何指揮的吧！

以下是**「看我指揮」**項目功能分析圖，請仔細觀察，並完成這次的項目任務。程式使用到「清單」功能，所以 CyberPi 需為即時模式才可以正確執行。

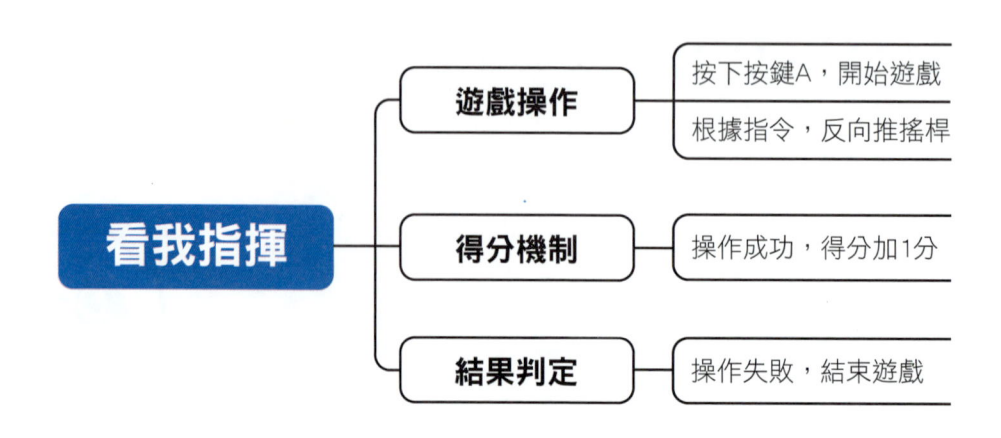

看我指揮
- 遊戲操作
  - 按下按鍵A，開始遊戲
  - 根據指令，反向推搖桿
- 得分機制
  - 操作成功，得分加1分
- 結果判定
  - 操作失敗，結束遊戲

第 12 課　看我指揮

程式設計錦囊

① 遊戲準備

反指令遊戲，即遊戲的操作和指令需要相反。創建「指令」清單，將「向上」、「向下」、「向左」、「向右」四個遊戲指令存放在清單中。

	指令
1	向上
2	向下
3	向左
4	向右

+ length 4 =

② 遊戲操作

(1) 按下按鍵，遊戲開始

① 進入遊戲

按下按鍵，需要將遊戲進行初始化設定，清除遊戲得分，並設定每一次的反應時間。

範例 1

按下按鍵 A，將遊戲得分歸零，同時設定每一次的反應時間為 2 秒。

> 提示：① 「得分」變數用來記錄玩家的遊戲得分。
> ② 「規定時間」變數用來規定在發出指令後允許玩家進行反應、完成操作的時間，初始設定為 2 秒。若玩家在規定時間內未進行操作，則判定超時，操作失敗。

② 顯示指令

開始遊戲後，需要在 CyberPi 的液晶螢幕上隨機顯示指令。

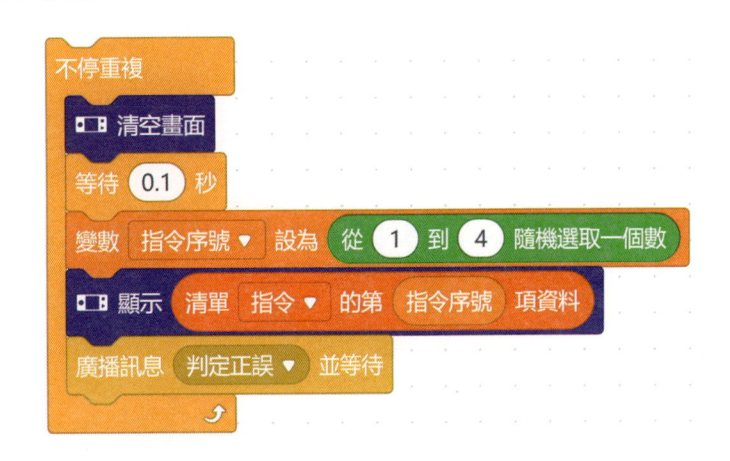

> 提示：① 「指令序號」變數用來對應「指令」清單中的各指令序號。因為「指令」清單共有 4 條指令，在 1～4 間取亂數，即可隨機選擇指令。
> ② 透過「廣播」的形式通知可以開始判定玩家進行的遊戲操作，等待遊戲判定結束後，方可切換顯示下一指令。

115

(2) 根據指令，反向推搖桿

在規定時間內，如果根據指令完成反向操作，則判定玩家操作成功；如果玩家將搖桿推向錯誤方向，或操作超時，則判定玩家操作失敗。

範例 2

如果指令序號為 1，即「向上」，只有在 2 秒內向下推動搖桿，才算操作成功，否則操作失敗。

```
重複直到 [計時器(秒) 大於 規定時間]
    如果 [指令序號 = 1] 那麼
        如果 [搖桿 向下推↓ ?] 那麼
            廣播訊息 成功
            停止 這個程式
        如果 [搖桿 向上推↑ ?] 或 [搖桿 向左推← ?] 或 [搖桿 向右推→ ?] 那麼
            廣播訊息 失敗
廣播訊息 失敗
```

> **提示：** ① 判定操作成功後，馬上停止該程式，並且更換下一指令；判定操作失敗後，將結束本次遊戲。
> ② 利用計時器計時，透過比較計時器時間與規定時間的大小，判斷玩家是否在規定時間內完成了操作。當計時器時間超出規定時間時，說明玩家在時間內無法完成指定操作，則遊戲結束，停止判定。

③ 得分機制

(1) 操作成功，得分加 1 分

範例 3

當判定玩家操作成功時，得分加 1 分，同時亮起綠燈進行提示。

```
當收到廣播訊息 成功
變數 得分 改變 1
LED 所有 顯示 ●
播放 分數
```

(2) 切換下一條指令，熄滅提示燈

操作成功時，顯示下一條指令。在顯示下一指令前，清空液晶螢幕的同時，需要熄滅燈光。

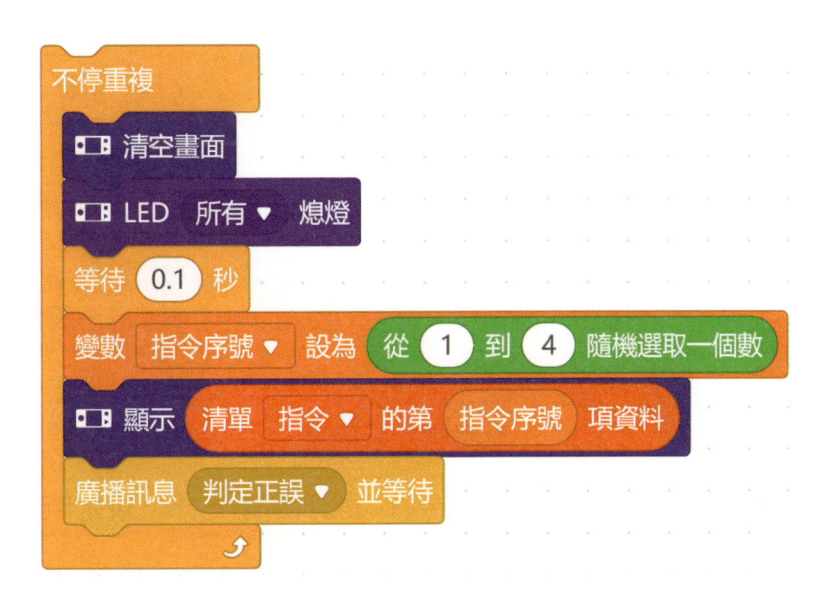

```
不停重複
    清空畫面
    LED 所有 熄燈
    等待 0.1 秒
    變數 指令序號 設為 從 1 到 4 隨機選取一個數
    顯示 清單 指令 的第 指令序號 項資料
    廣播訊息 判定正誤 並等待
```

④ 結束判定

操作失敗，遊戲結束。

範例 4

當操作失敗時，遊戲結束：CyberPi 亮起紅燈，提示失敗，並顯示當前的得分，在一段時間後熄滅燈光，清空螢幕。

```
當收到廣播訊息 失敗
停止 出場角色的其他程式
LED 所有 顯示 ●
顯示 得分
播放 錯誤
等待 3 秒
LED 所有 熄燈
清空畫面
```

5 難度提升

已知遊戲的結束判定為：玩家操作失敗則結束遊戲。目前的遊戲每一次反應時間有 2 秒，似乎操作有點簡單，可試著逐漸提升難度，根據得分來設定難度：得分越高，難度越大，給玩家的思考時間越短，增加遊戲的趣味與挑戰性。

範例 5

如果得分小於 5，則將反應的規定時間設為 2 秒；如果得分小於 10，則將反應的時間設為 1.5 秒。

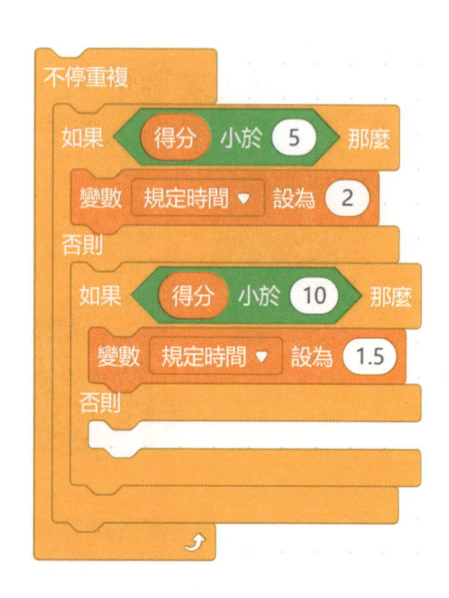

• 反應時間參照表

得分區間	規定時間	得分區間	規定時間
0～4	2	15～19	0.5
5～9	1.5	20～24	0.3
10～14	1	25～∞	0.2

完整程式

第 12 課　看我指揮

▲ CyberPi 程式

小試身手

是非題

_____ 1. 在本次項目中，每個指令都有唯一的正確操作，透過對比玩家操作與正確操作是否一致，可以判定玩家操作是否正確。

_____ 2. 在本次項目中，規定遊戲難度逐漸提升。可以根據得分來設定規定時間，從而逐漸提升遊戲難度。

選擇題

_____ 1. 在「看我指揮」遊戲中，以下哪個操作會被判定成功？

選項	指令	操作
A	↓	↓
B	↑	→
C	→	←
D	←	↑

填充題

根據這次的學習過程，將下面的思維導圖完整填入答案。

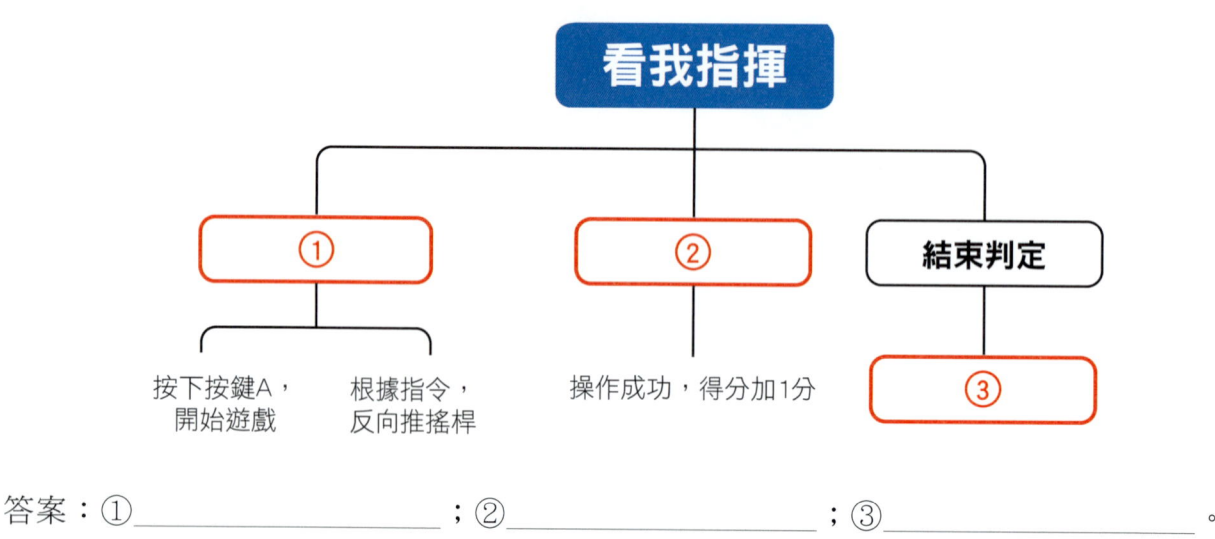

看我指揮
- ① 按下按鍵A，開始遊戲 / 根據指令，反向推搖桿
- ② 操作成功，得分加1分
- ③
- 結束判定

答案：①_____；②_____；③_____。

第 12 課 ｜ 實作題

題目名稱：看我指揮

⏱ 40 mins

題目說明：製作一台「看我指揮」遊戲機，螢幕上將顯示「向上」、「向下」、「向左」、「向右」四項指令，玩家必須使用搖桿輸入相反的指令，正確加 1 分，同時亮起綠燈進行提示。反之，遊戲結束，並亮起紅燈，在螢幕上顯示得分。

> 提示：此題須使用即時模式。

> 創客題目編號：A035008

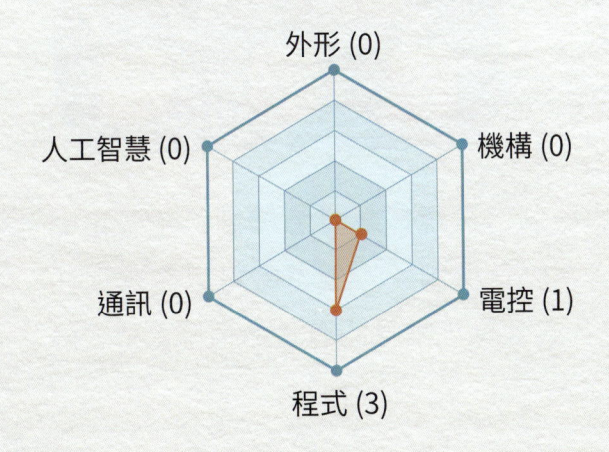

・創客指標・

外形	0
機構	0
電控	1
程式	3
通訊	0
人工智慧	0
創客總數	4

知識能量站

遊戲機制

　　遊戲機制是遊戲核心部分的規則、流程以及資料。在遊戲設計中，遊戲機制居於核心地位。它們使遊戲世界生動多彩，產生出供玩家解決的種種靈活挑戰，並決定著玩家的行動在遊戲中產生的效果。遊戲設計師的工作就是打造出能夠產生挑戰豐富、樂趣十足、平衡良好之可玩性的遊戲機制。

　　勝負和獎懲機制是一款遊戲最基本的機制，是給予玩家正回饋或負反饋的機制，可統稱為獎懲機制；給予正、負反饋的同時並結束遊戲的機制，則成為勝負機制。一個遊戲可以有數種任務獎勵和勝利機制，失敗懲罰的形式也各式各樣，常見的有生命值降為0、得分低於對手等。

第 13 課

金魚嘉年華 1

知識小百科 — 電玩遊戲

電玩遊戲是指依託於電子設備平臺而運行的交互遊戲。根據載具的不同，可以把電子遊戲大致分為五類：主機遊戲（又稱家用機遊戲、電視遊戲）、掌上機遊戲、電腦遊戲、街機遊戲和手機遊戲。完善的電玩遊戲在二十世紀末出現，改變了人類進行遊戲的行為方式和對遊戲一詞的定義，屬於一種隨科技發展而誕生的文化活動。

- **主機遊戲**：通常是指在電視上執行家用主機的遊戲。
- **掌上機遊戲**：手掌大小且方便攜帶的小型專門遊戲機，可以隨時隨地地運行電玩遊戲。
- **電腦遊戲**：由個人電腦程式控制、以益智或娛樂為目的的遊戲，可分為：教育性電腦遊戲和娛樂性電腦遊戲。
- **街機遊戲**：放在公共娛樂場所經營性之專用遊戲機上運行的遊戲。
- **手機遊戲**：是指在行動裝置端（手機、平板）運行的遊戲。

項目分析

設計了兩款簡單的小遊戲，現在一起加入到「**金魚嘉年華**」的捕魚大部隊，去體驗好玩又有趣的電腦遊戲「**金魚嘉年華**」吧！

以下是「**金魚嘉年華1**」項目功能分析圖，請仔細觀察，並完成這次的項目任務。此功能僅需使用 mBlock 5 軟體，共有 7 個角色，角色分別為魚、漁網、十位數字、個位數字、獎盃、開始按鈕和遊戲名稱。點選綠色旗子開始程式。

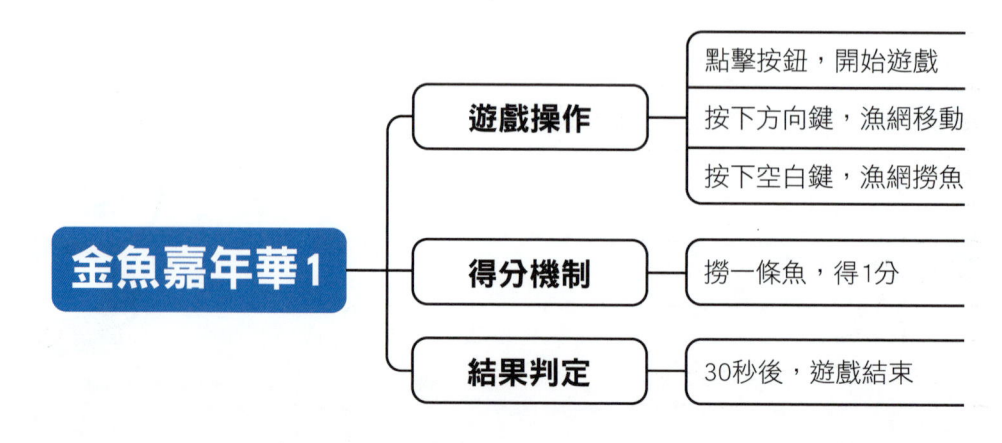

金魚嘉年華1
- 遊戲操作
  - 點擊按鈕，開始遊戲
  - 按下方向鍵，漁網移動
  - 按下空白鍵，漁網撈魚
- 得分機制
  - 撈一條魚，得1分
- 結果判定
  - 30秒後，遊戲結束

程式設計錦囊

1 遊戲操作

(1) 按下按鍵，遊戲開始

① 進入遊戲

點擊開始，初始化遊戲資料，進入遊戲介面。

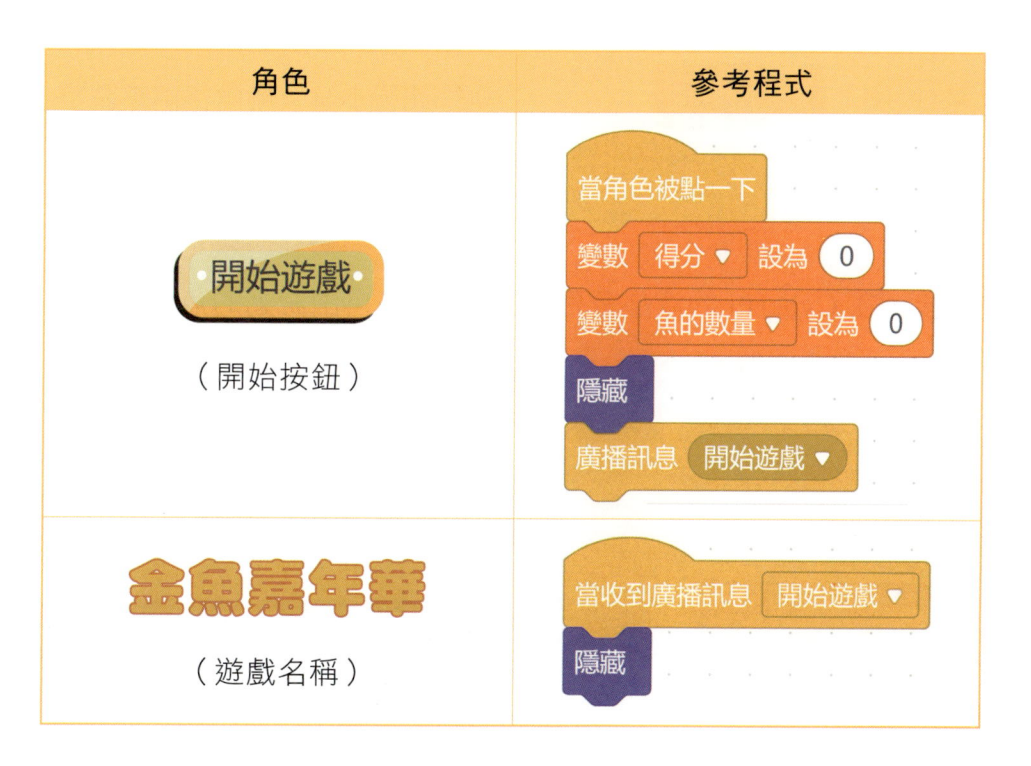

角色	參考程式
（開始按鈕）開始遊戲	當角色被點一下 變數 得分 設為 0 變數 魚的數量 設為 0 隱藏 廣播訊息 開始遊戲
金魚嘉年華 （遊戲名稱）	當收到廣播訊息 開始遊戲 隱藏

提示：① 變數「得分」用來記錄遊戲得分。
　　　② 變數「魚的數量」用來記錄玩遊戲時螢幕中的魚數量。

② 多條魚隨機游動

要實現在螢幕上有多條魚的效果，可以使用複製的方法。複製可編寫一次程式，即創建多個相同角色。

積木區	積木	功能
控制	建立 自己▼ 的分身	創建角色的複製體，產生的複製體與本體重疊在同一位置。可透過下拉式功能表，選擇要複製的角色。
	當分身產生	開始事件，當複製體被創建時，執行後續程式。
	刪除這個分身	執行此積木時，刪除當前複製體。

範例 1

遊戲開始後，在 CyberPi 的液晶螢幕上出現 10 條自由游動的魚。

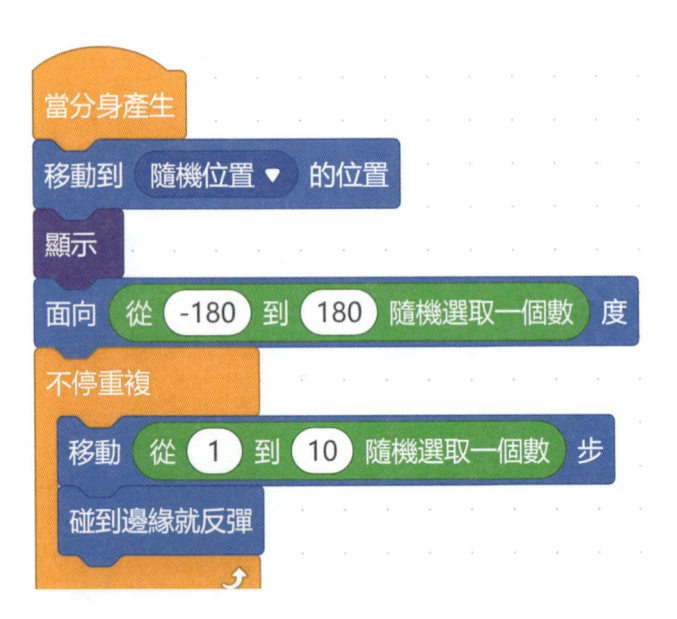

提示：① 在複製時，可以透過設定重複執行次數的方法，控制舞臺上魚的數量。
② 可以透過「亂數」，隨機設定舞臺上每條魚出現的位置、游動方向和游動速度。

(2) 按下方向鍵，漁網移動

遊戲開始後，CyberPi 的液晶螢幕上出現漁網，透過鍵盤上的方向鍵控制漁網移動。

範例 2

按下 ↑ 鍵，漁網向上移動。

面向 180 度
將 y 座標改變 10

提示：① 方向鍵控制角色的功能可參考當前程式補充實現，對應積木設定如下表所示。

方向鍵	面向方向	對應座標	座標增加
↑	面向 0 度	Y	10
↓	面向 180 度	Y	-10
←	面向 -90 度	X	-10
→	面向 90 度	X	10

② 修改「將 x/y 座標改變（ ）」積木的數值，可以設定漁網的移動速度，數值絕對值越大，移動速度越快。

(3) 按下空白鍵，漁網撈魚

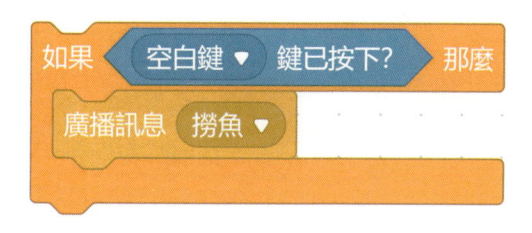

如果 空白鍵 ▼ 鍵已按下？ 那麼
　廣播訊息 撈魚 ▼

② 得分機制

(1) 撈一條魚，得分加 1 分

用漁網撈魚時，如果撈起一條魚，總分加 1 分。在遊戲中，可以透過判斷魚是否碰到漁網，來確定是否撈到魚。

```
當收到廣播訊息 撈魚▼
如果 〈碰到 漁網▼ ?〉那麼
    變數 得分▼ 改變 1
```

(2) 被撈起的魚消失

當魚被漁網撈起時，會在螢幕中消失，魚的數量會減少。

```
變數 魚的數量▼ 改變 -1
刪除這個分身
```

> 提示：可以透過刪除複製體的方法，使魚在螢幕中消失。

③ 結束判定

(1) 30 秒後，遊戲結束

在開始遊戲後，計時 30 秒。30 秒過後，遊戲結束。

```
等待 30 秒
廣播訊息 遊戲結束▼
```

(2) 顯示結束介面

遊戲結束時，在螢幕上出現結束畫面，顯示獎盃與得分，隱藏漁網。

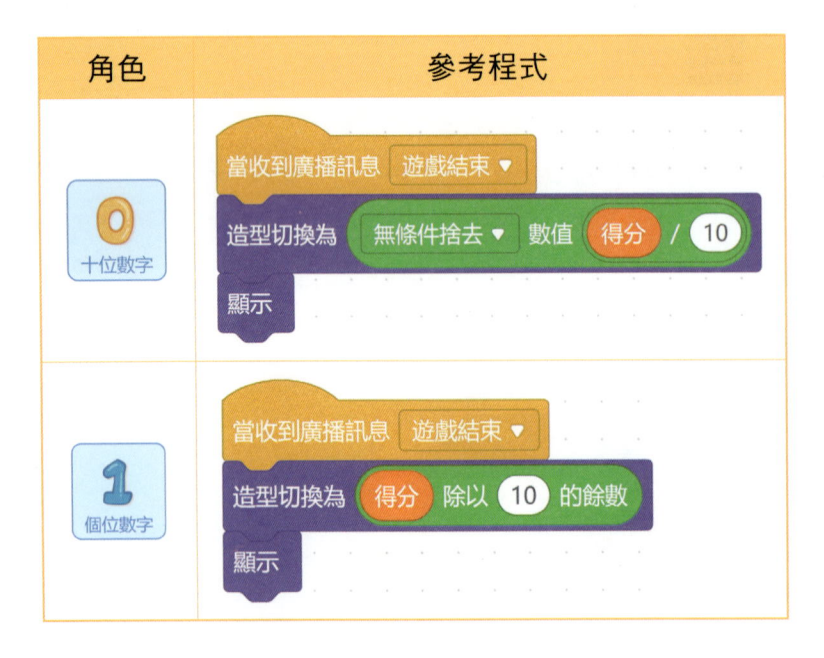

角色	參考程式
十位數字	當收到廣播訊息 遊戲結束▼ 造型切換為 (無條件捨去 數值 得分 / 10) 顯示
個位數字	當收到廣播訊息 遊戲結束▼ 造型切換為 (得分 除以 10 的餘數) 顯示

> 提示：
> ① 計算十位元數字的方法：得分除以 10 會得到小數結果（非整數），此時想獲取整數部分的數位，可以使用「向下取整」運算積木。例如：36 除以 10 得到 3.6，向下取整結果為 3。
> ② 計算個位數字的方法：將得分除以 10，得到的餘數便是得分的個位數字。例如：36 除以 10 的餘數為 6。

（3）遊戲過程中，適時補充魚

如果玩家在遊戲結束前，撈起了所有魚，舞臺上會出現一段時間的空白畫面。為了避免這種情況，可以為遊戲增加一些效果。

例如：在開始遊戲後，每當 CyberPi 的螢幕中的魚少於 10 條時，則補充魚的數量。

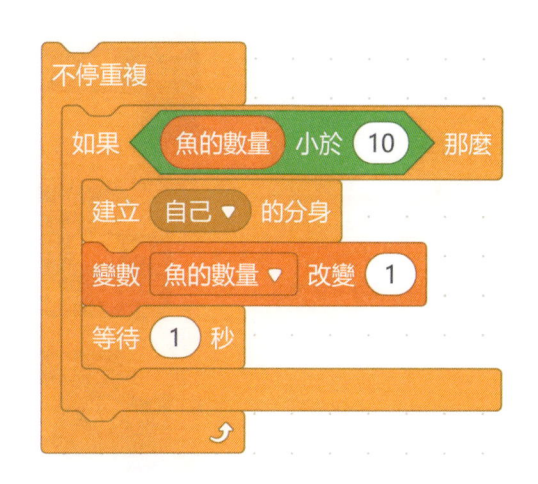

完整程式

▲ 魚程式

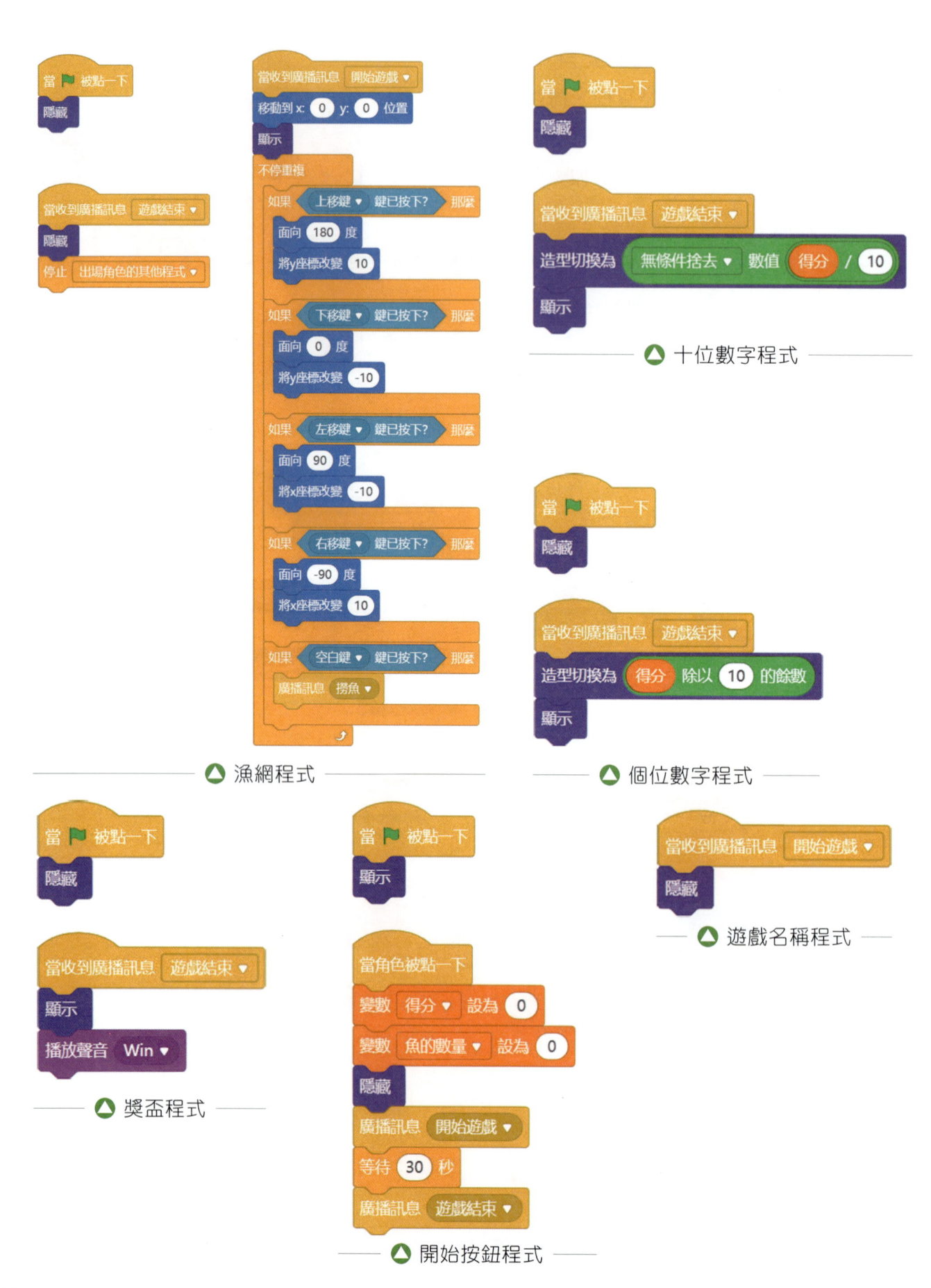

用 mBlock 玩 CyberPi 編程學習遊戲機─含遊戲機範例

漁網程式

當 ▶ 被點一下
隱藏

當收到廣播訊息 遊戲結束
隱藏
停止 出場角色的其他程式

當收到廣播訊息 開始遊戲
移動到 x: 0 y: 0 位置
顯示
不停重複
　如果 上移鍵 鍵已按下? 那麼
　　面向 180 度
　　將 y 座標改變 10
　如果 下移鍵 鍵已按下? 那麼
　　面向 0 度
　　將 y 座標改變 -10
　如果 左移鍵 鍵已按下? 那麼
　　面向 90 度
　　將 x 座標改變 -10
　如果 右移鍵 鍵已按下? 那麼
　　面向 -90 度
　　將 x 座標改變 10
　如果 空白鍵 鍵已按下? 那麼
　　廣播訊息 撈魚

十位數字程式

當 ▶ 被點一下
隱藏

當收到廣播訊息 遊戲結束
造型切換為 無條件捨去 數值 得分 / 10
顯示

個位數字程式

當 ▶ 被點一下
隱藏

當收到廣播訊息 遊戲結束
造型切換為 得分 除以 10 的餘數
顯示

遊戲名稱程式

當收到廣播訊息 開始遊戲
隱藏

獎盃程式

當 ▶ 被點一下
隱藏

當收到廣播訊息 遊戲結束
顯示
播放聲音 Win

開始按鈕程式

當 ▶ 被點一下
顯示

當角色被點一下
變數 得分 設為 0
變數 魚的數量 設為 0
隱藏
廣播訊息 開始遊戲
等待 30 秒
廣播訊息 遊戲結束

130

小試身手

是非題

請判斷下列說法的對錯。

_____ 1. 使用複製的方法，可以避免重複創建相同角色，以及編寫重複腳本。

_____ 2. 停止程式時，會刪除角色的所有複製體。

_____ 3. 切換角色造型時，必須設定好要切換的造型名稱。

選擇題

_____ 1. 以下哪個選項可以讓角色呈現隨機的移動速度？

(A) 從 1 到 10 隨機選取一個數

(B) 從 -180 到 180 隨機選取一個數

(C) 將大小改變 從 0 到 20 隨機選取一個數

(D) 造型切換為 從 1 到 4 隨機選取一個數

填充題

根據這次的學習過程，將下面的思維導圖完整填入答案。

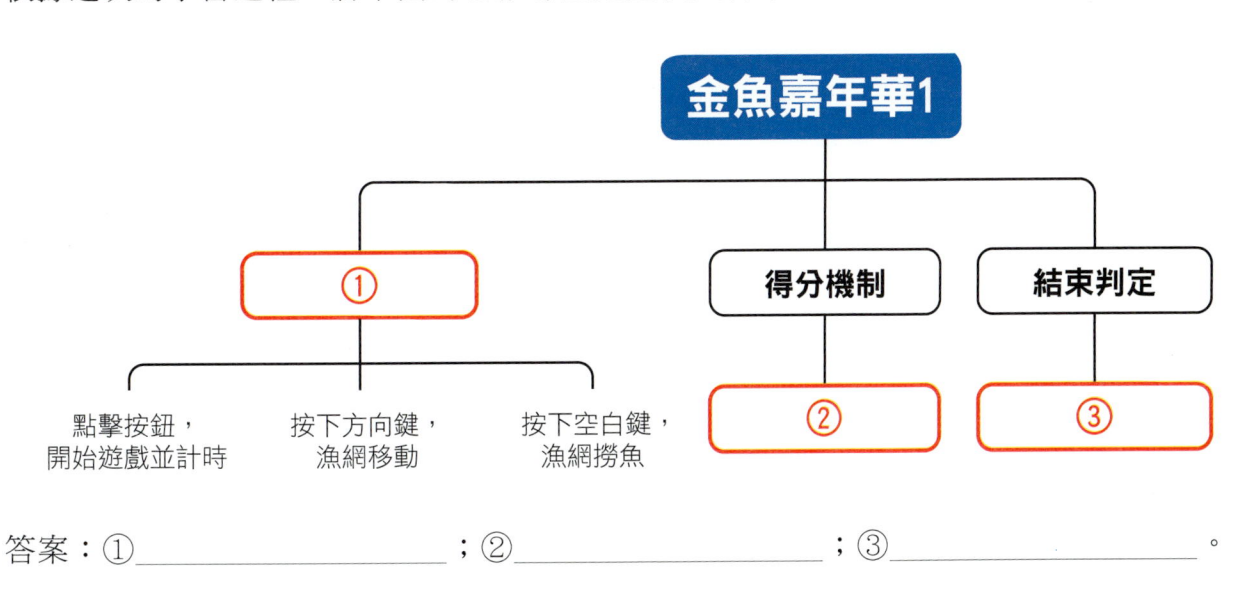

```
          金魚嘉年華1
   ┌──────────┼──────────┐
   ①         得分機制    結束判定
 ┌─┼─┐         │          │
點擊按鈕， 按下方向鍵， 按下空白鍵， ②          ③
開始遊戲並計時 漁網移動  漁網撈魚
```

答案：①_____；②_____；③_____。

知識能量站

遊戲體驗

　　遊戲體驗是玩家在遊戲過程中建立起來的一種純主觀感受。它是一門特殊的設計學科，以玩家的心理、行為、思維過程和遊戲技能為中心，確保設計的遊戲體驗能夠真正反應到玩家的腦海裡。體驗主要分為以下三類：

1. **感官體驗**：遊戲產品呈現給使用者視聽上的體驗，強調舒適性。一般在色彩、聲音、圖像、文字內容、網站布局等呈現。

2. **互動使用者體驗**：遊戲介面給使用者使用、人機交流過程的體驗，強調互動、交互特性。交互體驗的過程貫穿瀏覽、點擊、輸入、輸出等過程給用戶產生的體驗。

3. **情感用戶體驗**：遊戲給用戶心理上的體驗，強調心理認可度。讓用戶透過網站能認同、抒發自己的內在情感，即用戶體驗效果較深。情感體驗的昇華是口碑的傳播，形成一種高度的情感認可效應。

第 14 課

金魚嘉年華 2

知識小百科 — 體感遊戲

體感遊戲，即用身體去感受的電玩遊戲。區別於以往單純以控制器按鍵輸入的操作方式，體感遊戲是一種透過肢體動作變化來進行操作的新型電玩遊戲，更強調遊戲與玩家、玩家與玩家之間的雙向互動，使用戶有身臨其境的感覺。

體感遊戲主要有以下幾個特徵：

- **便攜性**：不受場地、環境和人數的限制，可以隨時隨地開玩。
- **趣味性、互動性**：豐富的場景、風格變化，遊戲種類多樣化，可透過連線的方式加強家人、朋友之間的互動。
- **鍛煉身體**：在遊戲的過程中，讓玩家有一定強度的體育鍛煉，具有很好的健身性，同時能夠很好地幫助玩家矯正運動動作。

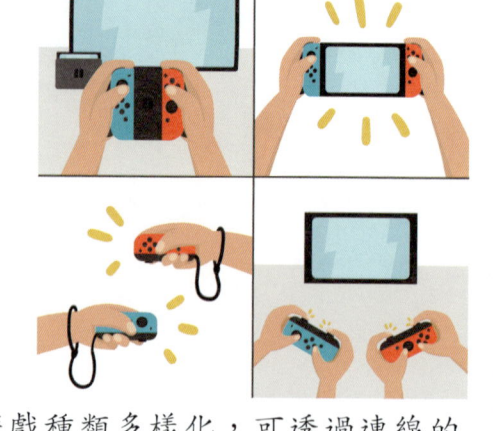

項目分析

現在你已經嘗試了電腦版的**「金魚嘉年華」**，並透過鍵盤控制漁網捕撈了很多魚，現在嘗試去掉鍵盤，借助 CyberPi 編程學習遊戲機，讓**「金魚嘉年華」**變成一款高級的體感遊戲！

以下是**「金魚嘉年華 2」**項目功能分析圖，請仔細觀察，並完成這次的項目任務。此程式分為 CyberPi 和 10 個角色進行互動，CyberPi 須為即時模式，10 個角色分別為魚、漁網、十位數字、個位數字、獎盃、開始按鈕、遊戲名稱、進度條、星級和遊戲規則。點選綠色旗子開始程式。

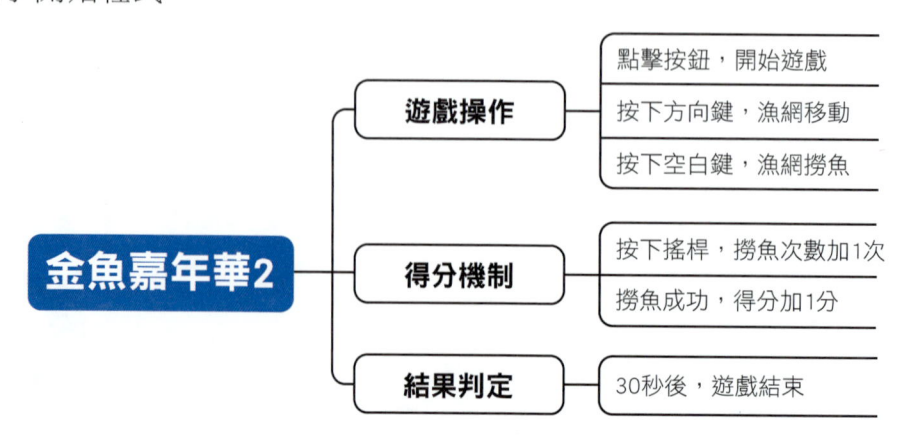

金魚嘉年華2
- 遊戲操作
  - 點擊按鈕，開始遊戲
  - 按下方向鍵，漁網移動
  - 按下空白鍵，漁網撈魚
- 得分機制
  - 按下搖桿，撈魚次數加1次
  - 撈魚成功，得分加1分
- 結果判定
  - 30秒後，遊戲結束

程式設計錦囊

1 遊戲操作

(1) 點擊按鈕，開始遊戲

在每局遊戲開始時，都要先清空遊戲資料，確保遊戲從零開始。在本遊戲中，要透過撈魚成功率來判定遊戲結果，因此，需要用變數記錄撈魚的次數。

`變數 撈魚次數 改變 0`

> 提示：將積木增加在角色「開始按鈕」中刷新遊戲資料的程式部分。

(2) 揮動 CyberPi，漁網移動

要讓 CyberPi 控制角色移動，需要用到以下積木。

積木區	積木	功能
運動感測器	控制 魚▼ 跟著 Cyber Pi 的敏感度為 中(0.4)▼ （低(0.2) / ✓中(0.4) / 高(0.6)）	讓指定角色跟隨 CyberPi 移動。在相同揮動速度的情況下，靈敏度越高，角色移動越快。

範例 1

漁網跟隨 CyberPi 移動。

```
不停重複
    控制 漁網▼ 跟著 Cyber Pi 的敏感度為 中(0.4)▼
```

(3) 按下搖桿，漁網撈魚

```
當搖桿 中間按壓▼
廣播訊息 捕捉▼
```

❷ 得分機制

(1) 按下搖桿，撈魚次數加 1 次

(2) 撈魚成功，得分加 1 分

得分增加的方式與「金魚嘉年華 1」一樣，撈魚的時候若魚碰到漁網，則成功得分。

❸ 結束判定

(1) 計時結束，停止遊戲

遊戲結束時，需要停止 CyberPi 的所有運行程式。

(2) 結束畫面

① 評定星級

遊戲結束時，根據遊戲中的撈魚成功率評定星級、獎勵得分，並顯示星級。

撈魚成功率 = 成功撈魚數（得分）／撈魚次數。

範例 2

要求撈魚超過 9 次才能進行星級評定，如果成功率超過 90%，遊戲結果為三星，並且獎勵 10 分；否則，判斷為其它星級結果。

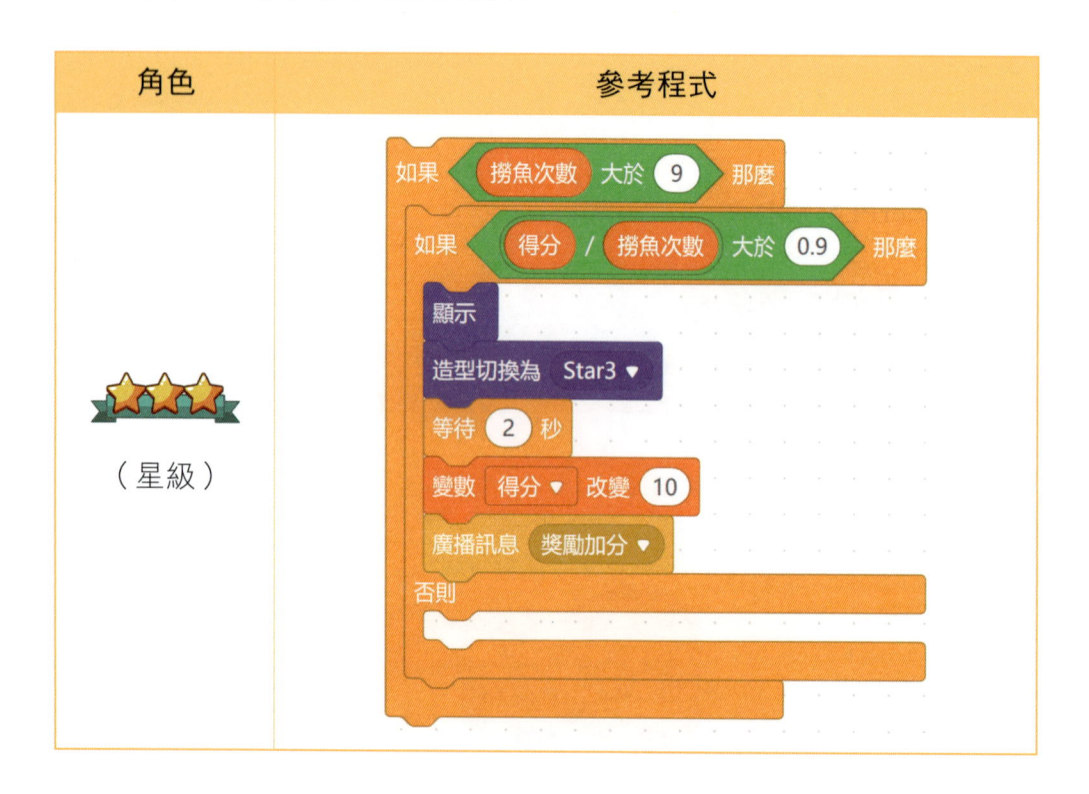

角色	參考程式
（星級）	如果 撈魚次數 大於 9 那麼 　如果 得分 / 撈魚次數 大於 0.9 那麼 　　顯示 　　造型切換為 Star3 　　等待 2 秒 　　變數 得分 改變 10 　　廣播訊息 獎勵加分 　否則

提示：其它星級評定可參考當前程式補充實現，對應資料可參考如下。

成功率	星級	獎勵分
90～100%	三星級	10
80～90%	二星級	6
70～80%	一星級	2
0～70%	無	無

② 呈現最終得分

在評定星級後，獲取獎勵分數，並和「金魚嘉年華 1」一樣，要在螢幕中顯示最終遊戲的得分情況。

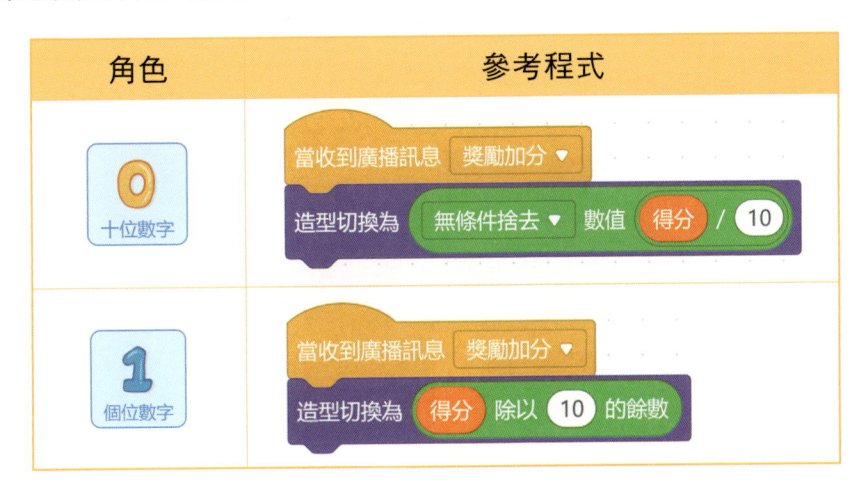

角色	參考程式
十位數字	當收到廣播訊息 獎勵加分 造型切換為 無條件捨去 數值 得分 / 10
個位數字	當收到廣播訊息 獎勵加分 造型切換為 得分 除以 10 的餘數

4 其他遊戲效果

(1) 顯示倒數計時

在遊戲過程中，透過進度條顯示倒數計時，提醒遊戲剩餘時間。

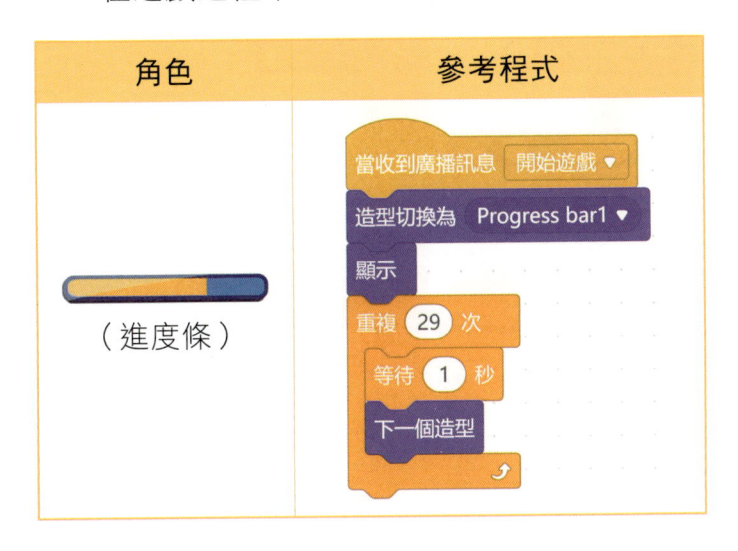

角色	參考程式
（進度條）	當收到廣播訊息 開始遊戲 造型切換為 Progress bar1 顯示 重複 29 次 　等待 1 秒 　下一個造型

提示：角色「進度條」共有 30 個造型，所以可以每秒切換一次造型，實現倒數計時的效果。

（2）顯示即時得分

在遊戲過程中，顯示即時得分，提醒玩家當前分數。

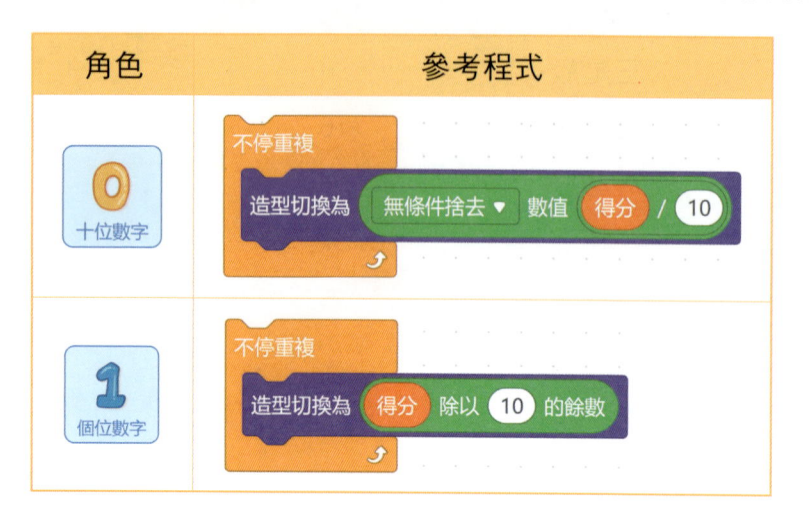

角色	參考程式
十位數字	不停重複 造型切換為 無條件捨去 數值 得分 / 10
個位數字	不停重複 造型切換為 得分 除以 10 的餘數

提示：遊戲進行時的得分顯示效果與遊戲結束時的不同，需要考慮合適的顯示位置與大小。

完整程式

CyberPi 程式

魚程式

第 14 課　金魚嘉年華 2

漁網程式

當 ▶ 被點一下
隱藏

當收到廣播訊息 開始遊戲 ▼
移動到 x: 0 y: 0 位置
顯示

當收到廣播訊息 遊戲結束 ▼
隱藏

十位數字程式

當 ▶ 被點一下
隱藏

當收到廣播訊息 開始遊戲 ▼
移動到 x: 200 y: 160 位置
將大小設為 20 %
顯示
不停重複
　造型切換為 無條件捨去 ▼ 數值 得分 / 10

當收到廣播訊息 遊戲結束 ▼
停止 出場角色的其他程式 ▼
移動到 x: -5 y: -5 位置
將大小設為 70 %
造型切換為 無條件捨去 ▼ 數值 得分 / 10

當收到廣播訊息 獎勵加分 ▼
造型切換為 無條件捨去 ▼ 數值 得分 / 10

個位數字程式

當 ▶ 被點一下
隱藏

當收到廣播訊息 開始遊戲 ▼
移動到 x: 220 y: 160 位置
將大小設為 20 %
顯示
不停重複
　造型切換為 得分 除以 10 的餘數

當收到廣播訊息 遊戲結束 ▼
停止 出場角色的其他程式 ▼
移動到 x: 70 y: -5 位置
將大小設為 70 %
造型切換為 得分 除以 10 的餘數

當收到廣播訊息 獎勵加分 ▼
造型切換為 得分 除以 10 的餘數

獎盃程式

當 ▶ 被點一下
隱藏

當收到廣播訊息 遊戲結束 ▼
顯示
播放聲音 Win ▼

開始按鈕程式

當 ▶ 被點一下
顯示

當角色被點一下
變數 得分 ▼ 設為 0
變數 魚的數量 ▼ 設為 0
變數 撈魚次數 ▼ 設為 0
隱藏
廣播訊息 開始遊戲 ▼
等待 30 秒
廣播訊息 遊戲結束 ▼

139

遊戲名稱程式

當 ▶ 被點一下
顯示

當收到廣播訊息 開始遊戲 ▼
隱藏

—— ▲ 遊戲名稱程式 ——

進度條程式

當 ▶ 被點一下
隱藏

當收到廣播訊息 開始遊戲 ▼
造型切換為 Progress bar1 ▼
顯示
重複 29 次
　等待 1 秒
　下一個造型

—— ▲ 進度條程式 ——

遊戲規則程式

當 ▶ 被點一下
顯示

當收到廣播訊息 開始遊戲 ▼
隱藏

—— ▲ 遊戲規則程式 ——

遊戲結束程式

當 ▶ 被點一下
隱藏

當收到廣播訊息 遊戲結束 ▼
重複 2 次
　將大小改變 30
　等待 0.5 秒
　將大小改變 -30
　等待 0.5 秒

星級程式

當收到廣播訊息 遊戲結束 ▼
如果 〈撈魚次數 大於 9〉 那麼
　如果 〈得分 / 撈魚次數 大於 0.9〉 那麼
　　顯示
　　造型切換為 Star3 ▼
　　等待 2 秒
　　變數 得分 ▼ 改變 10
　　廣播訊息 獎勵加分 ▼
　否則
　　如果 〈得分 / 撈魚次數 大於 0.8〉 那麼
　　　顯示
　　　造型切換為 Star2 ▼
　　　等待 2 秒
　　　變數 得分 ▼ 改變 6
　　　廣播訊息 獎勵加分 ▼
　　否則
　　　如果 〈得分 / 撈魚次數 大於 0.7〉 那麼
　　　　顯示
　　　　造型切換為 Star1 ▼
　　　　等待 2 秒
　　　　變數 得分 ▼ 改變 2
　　　　廣播訊息 獎勵加分 ▼

—— ▲ 星級程式 ——

小試身手

選擇題

_____ 1. 右列程式可以實現怎樣的動畫效果？
(A) 角色閃爍
(B) 角色搖擺
(C) 角色旋轉
(D) 角色忽大忽小。

```
將大小改變 30
等待 0.5 秒
將大小改變 -30
等待 0.5 秒
```

_____ 2. 以下哪個積木可以得知 CyberPi 的移動方向？
(A) 揮動速度
(B) 揮動方向 (°)
(C) 向前傾斜 ▼ 角度(°)
(D) 搖晃強度 % ▼

填充題

根據這次的學習過程，將下面的思維導圖完整填入答案。

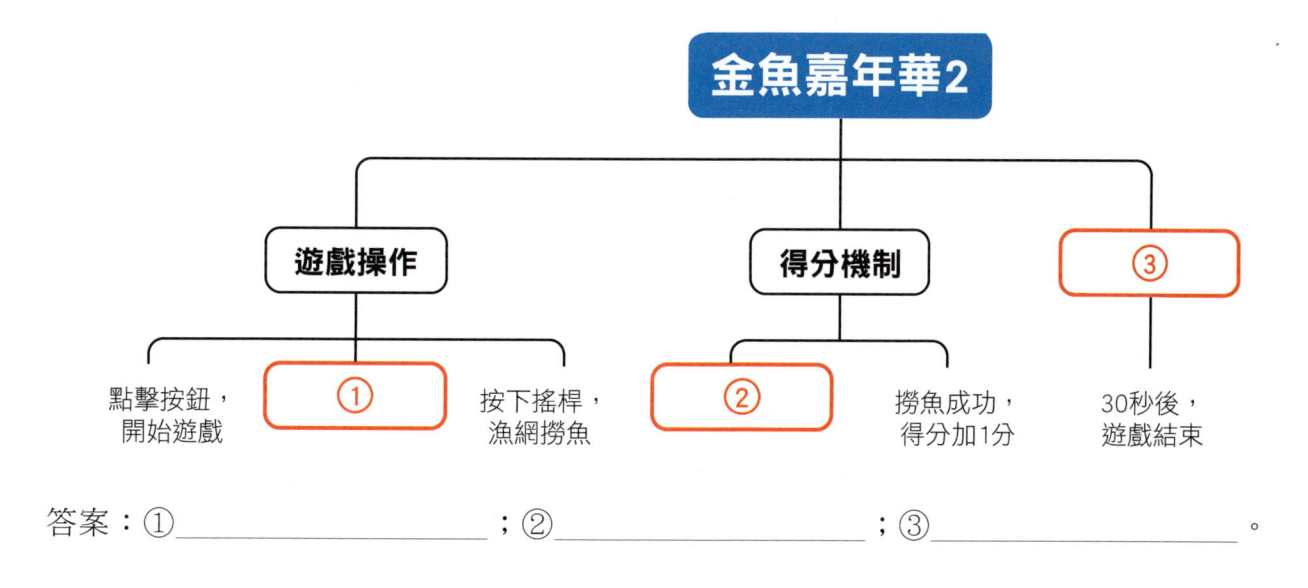

金魚嘉年華2
- 遊戲操作
  - 點擊按鈕，開始遊戲
  - ①
  - 按下搖桿，漁網撈魚
- 得分機制
  - ②
  - 撈魚成功，得分加1分
- ③
  - 30秒後，遊戲結束

答案：①_____ ；②_____ ；③_____ 。

第 14 課 ｜ 實作題

題目名稱：金魚嘉年華

30 mins

題目說明： 製作一個以 CyberPi 作為搖桿的撈魚遊戲，在 mBlock 5 中漁網會跟隨 CyberPi 移動，當玩家按下按鈕時漁網會撈魚，並將撈魚次數加 1 次，撈到的魚分數加 1 分。當計時結束後，於 mBlock 5 與 CyberPi 的螢幕上顯示撈魚次數與得分。

> 提示：1. 相關資料請至本書提供的範例程式資料夾中下載。
> 2. 此題須使用即時模式。

創客題目編號：A035009

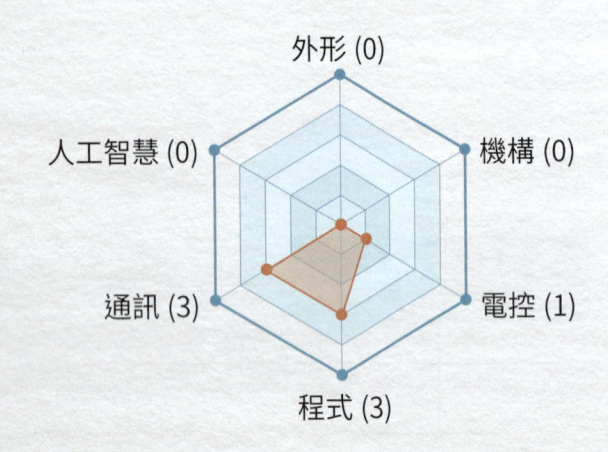

創客指標

外形	0
機構	0
電控	1
程式	3
通訊	3
人工智慧	0
創客總數	7

知識能量站

穿戴裝置設備

　　穿戴裝置設備即是直接穿著在身上，或是整合到用戶衣服或配件的一種可攜式設備。它不僅僅是一種硬體設備，更是透過軟體支援以及資料交互、雲端交互來實現強大的功能。

　　智慧穿戴設備是應用穿戴式技術，對日常穿戴進行智慧化設計、開發出可以穿戴的設備總稱，如手錶、手環、眼鏡、服飾等。

　　隨著電腦軟硬體以及互聯網技術的高速發展，智慧穿戴裝置設備變得多樣化，在工業、醫療、軍事、教育、娛樂等諸多領域有著重要的研究價值和應用潛力。

第 15 課

跳躍風火輪 1

用 mBlock 玩 CyberPi 編程學習遊戲機─含遊戲機範例

知識小百科 — 跑酷與跑酷遊戲

　　跑酷，是風靡全球的時尚極限運動，以日常生活的環境為運動場所，依靠自身的體能，快速、有效、可靠地駕馭任何已知與未知環境的運動藝術。

　　跑酷不僅可以強健體質，使得自身越敏捷，反應能力更加迅速。一個專業的跑酷訓練者可以正確地控制危險，並把它減到最小，當陷入火災、地震、遭遇襲擊、車禍、緊急突發事件等危險中，專業跑酷訓練者的脫險機率比普通人高出 20 倍以上。

　　跑酷遊戲是障礙躲避類電玩遊戲的一種，主要具有以下幾個特點：

- 分為橫軸跑酷和縱軸跑酷，其中橫軸跑酷的主要操作是跳躍，縱軸跑酷的主要操作是左右移動及跳躍。
- 遊戲中需要透過移動或跳躍來不停地躲避障礙物。
- 遊戲地圖隨機生成，進行反覆挑戰並刷新最高分數。

項目分析

　　現在你已經是一名專業的跑酷運動員了，要去參加「**跳躍風火輪**」的極限挑戰。知己知彼，才能百戰不殆，先瞭解一下「**跳躍風火輪**」的挑戰規則吧！此程式分為 CyberPi 和 6 個角色進行互動，CyberPi 須為即時模式，6 個角色分別為白雲、小鳥、星星、效果文字、哪吒和標題與說明。點選綠色旗子開始程式。

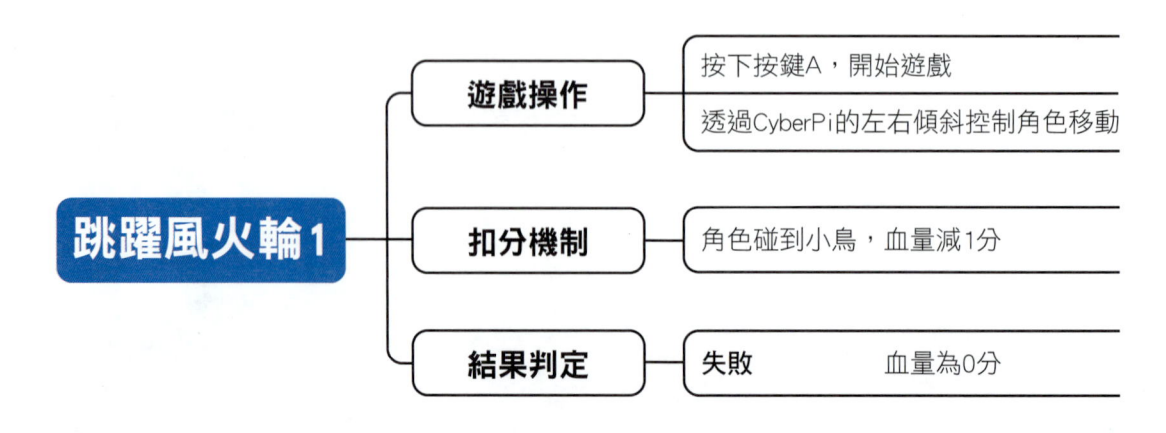

跳躍風火輪1	遊戲操作	按下按鍵A，開始遊戲
		透過CyberPi的左右傾斜控制角色移動
	扣分機制	角色碰到小鳥，血量減1分
	結果判定	失敗　　血量為0分

程式設計錦囊

1 遊戲操作

(1) 開始遊戲

① 進入遊戲

按下 CyberPi 的按鍵，遊戲開始。

② 角色初始狀態

在遊戲一開始時，需要對遊戲中的角色進行初始化設定。

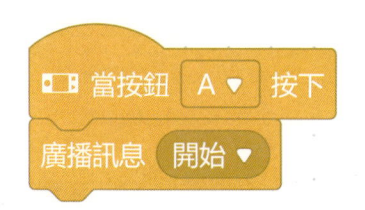

範例 1

將角色「哪吒」放在舞臺合適的位置，同時透過「血量」賦予哪吒 4 次遊戲機會。

(2) 控制角色移動

① 角色向上向下移動

可以透過 CyberPi 的傾斜方向，控制角色向上或者向下移動。透過體感積木，能夠獲取 CyberPi 的傾斜方向。

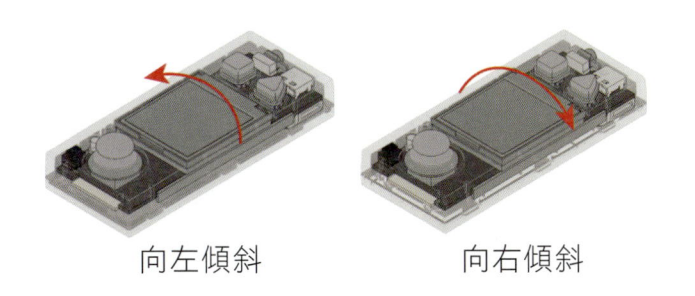

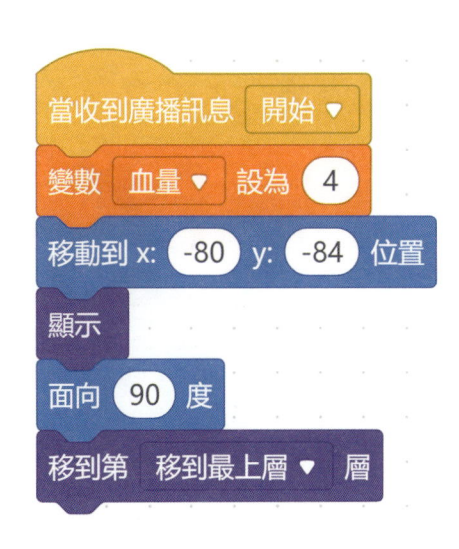

向左傾斜　　　　向右傾斜

積木區	積木	功能
運動感測器	向前傾斜？	狀態積木。能夠判斷 6 種設備狀態，可以借助這些不同的狀態來控制實現不同的程式效果。

範例 2

CyberPi 向左傾斜的時候，哪吒向上移動；CyberPi 向右傾斜的時候，哪吒向下移動。

角色	參考程式
（CyberPi）	如果〈向左傾斜？〉那麼 　廣播訊息 向上 並等待 如果〈向右傾斜？〉那麼 　廣播訊息 向下 並等待
（哪吒）	當收到廣播訊息 向上 　將 y 座標改變 10 當收到廣播訊息 向下 　將 y 座標改變 -10

② 防止角色離開畫面

當角色在螢幕中上下運動時，會發現此時角色可能已經到了舞臺邊緣，但還會一直上升或者下降，而導致角色從畫面中消失，可以利用偵測積木解決這個問題。

〈碰到 邊緣？〉

範例 3

當哪吒向上飛行時，如果碰到邊緣，就停止向上。

當收到廣播訊息 向上
　將 y 座標改變 10
　如果〈碰到 邊緣？〉那麼
　　將 y 座標改變 -10

提示：這裡數值選擇 10 是為了與前面的數字對應，例如，向上時 Y 座標增加 10，當碰到舞臺邊緣時 -10，透過同時增加 10 以及減去 10（10 － 10 ＝ 0）來保證角色的 Y 座標不變，即高度不變。

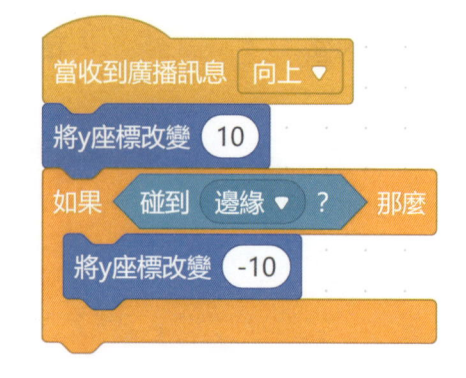

2 扣分機制

(1) 角色血量減少

如果角色在飛行過程中碰到 1 次小鳥，則血量減少 1。

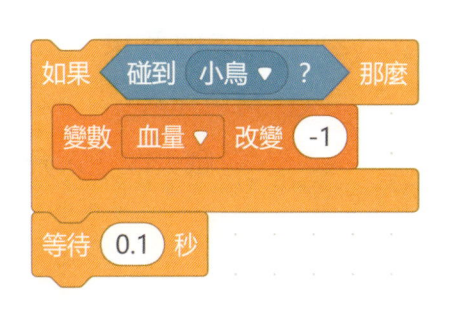

(2) 血量變化動畫表示

為了能讓玩家知道自己還剩下多少血量，可以用舞臺左上角的星星來進行表示，一顆星星代表一點血量。

遊戲正式開始前，表示血量的星星是隱藏在舞臺的左上角；正式進入遊戲之後，血量再顯示出來。

在遊戲過程中，如果血量為 4，則顯示所有星星；如果血量小於 1，則星星會消失。

3 結果判定

(1) 判定遊戲失敗

如果血量為 0，則遊戲結束。

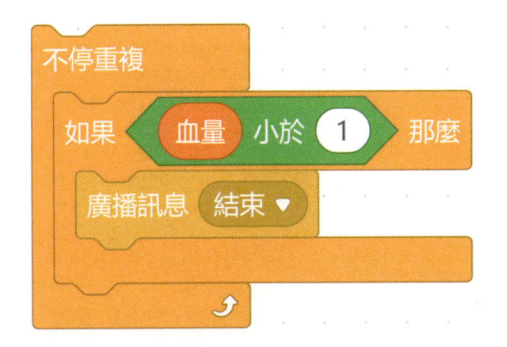

提示：此處的積木可以與前面判斷角色碰到小鳥血量減少的積木進行合併。

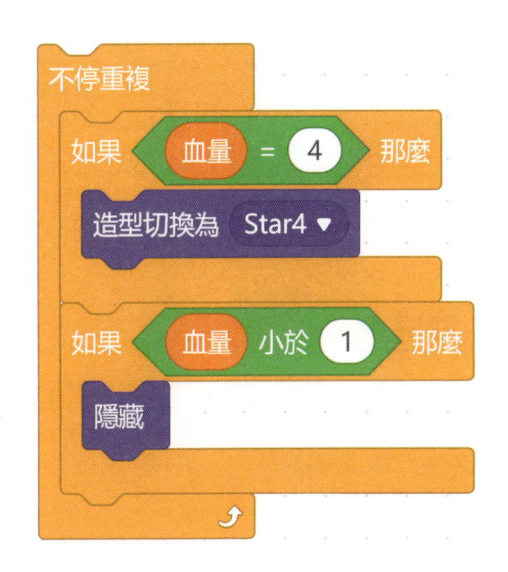

(2) 遊戲失敗效果

① 角色摔落

遊戲失敗後，角色會停止運行，從空中摔下來。

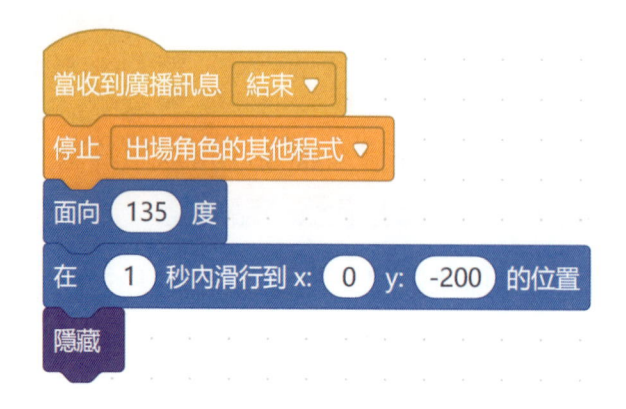

```
當收到廣播訊息 結束▼
停止 出場角色的其他程式▼
面向 135 度
在 1 秒內滑行到 x: 0 y: -200 的位置
隱藏
```

② 出現失敗標誌

除了角色摔落外，遊戲失敗的標誌也會從舞臺下方升到舞臺中間。「失敗」是「效果文字」角色中的造型之一。

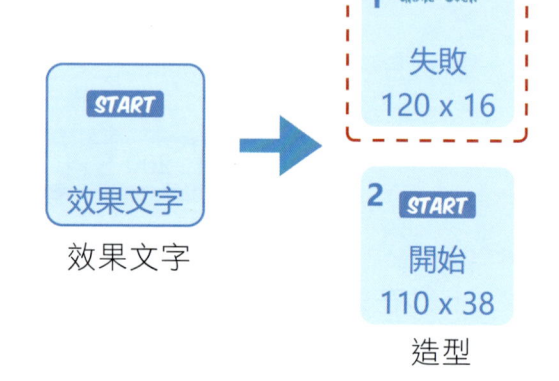

效果文字 →

1 GAME OVER 失敗 120 x 16

2 START 開始 110 x 38

造型

④ 完善遊戲效果

在實現了基本的遊戲設計，可以給角色添加一些豐富的效果。

範例 4

在遊戲進行時，給哪吒添加一些動態的飛行效果。

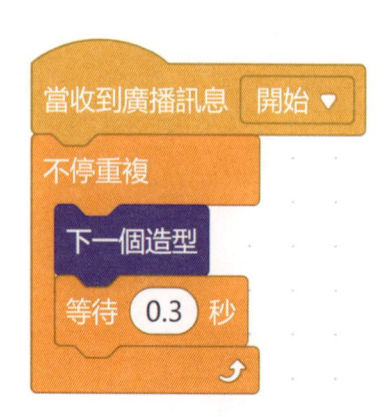

```
當收到廣播訊息 開始▼
不停重複
  下一個造型
  等待 0.3 秒
```

完整程式

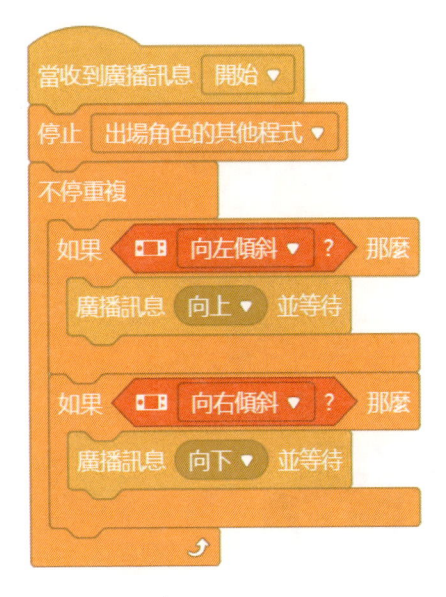

CyberPi 程式

```
當按鈕 A 按下
廣播訊息 開始
```

```
當收到廣播訊息 開始
停止 出場角色的其他程式
不停重複
    如果 < 向左傾斜 ? > 那麼
        廣播訊息 向上 並等待
    如果 < 向右傾斜 ? > 那麼
        廣播訊息 向下 並等待
```

白雲程式

```
當 ▶ 被點一下
將x座標設定為 209
隱藏
不停重複
    建立 自己 的分身
    等待 6 秒
```

```
當分身產生
將y座標設定為 從 170 到 -170 隨機選取一個數
顯示
不停重複
    移動 -10 步
    等待 0.1 秒
    如果 < x座標 小於 -400 > 那麼
        刪除這個分身
```

```
當分身產生
不停重複
    下一個造型
    等待 1 秒
```

小鳥程式

當收到廣播訊息 開始
將x座標設定為 195
隱藏
不停重複
　建立 自己 的分身
　等待 1.5 秒

當分身產生
將y座標設定為 從 170 到 -170 隨機選取一個數
顯示
不停重複
　如果 碰到 邊緣 ? 那麼
　　刪除這個分身
　如果 碰到 哪吒 ? 那麼
　　播放聲音 pop
　　刪除這個分身
　否則
　　下一個造型
　　移動 -40 步
　等待 0.1 秒

星星程式

當收到廣播訊息 開始
移動到 x: -200 y: 143 位置
顯示
不停重複
　如果 血量 = 4 那麼
　　造型切換為 Star4
　如果 血量 = 3 那麼
　　造型切換為 Star3
　如果 血量 = 2 那麼
　　造型切換為 Star2
　如果 血量 = 1 那麼
　　造型切換為 Star1
　如果 血量 小於 1 那麼
　　隱藏

當 ▶ 被點一下
隱藏

當收到廣播訊息 勝利
隱藏

效果文字程式

當 ▶ 被點一下
顯示
造型切換為 開始
移動到 x: 3 y: -60 位置
將大小設為 70 %

當收到廣播訊息 開始
隱藏

當收到廣播訊息 結束
造型切換為 失敗
顯示
在 1 秒內滑行到 x: 3 y: 20 的位置
將大小設為 150 %
停止 出場角色的其他程式

第 15 課　跳躍風火輪 1

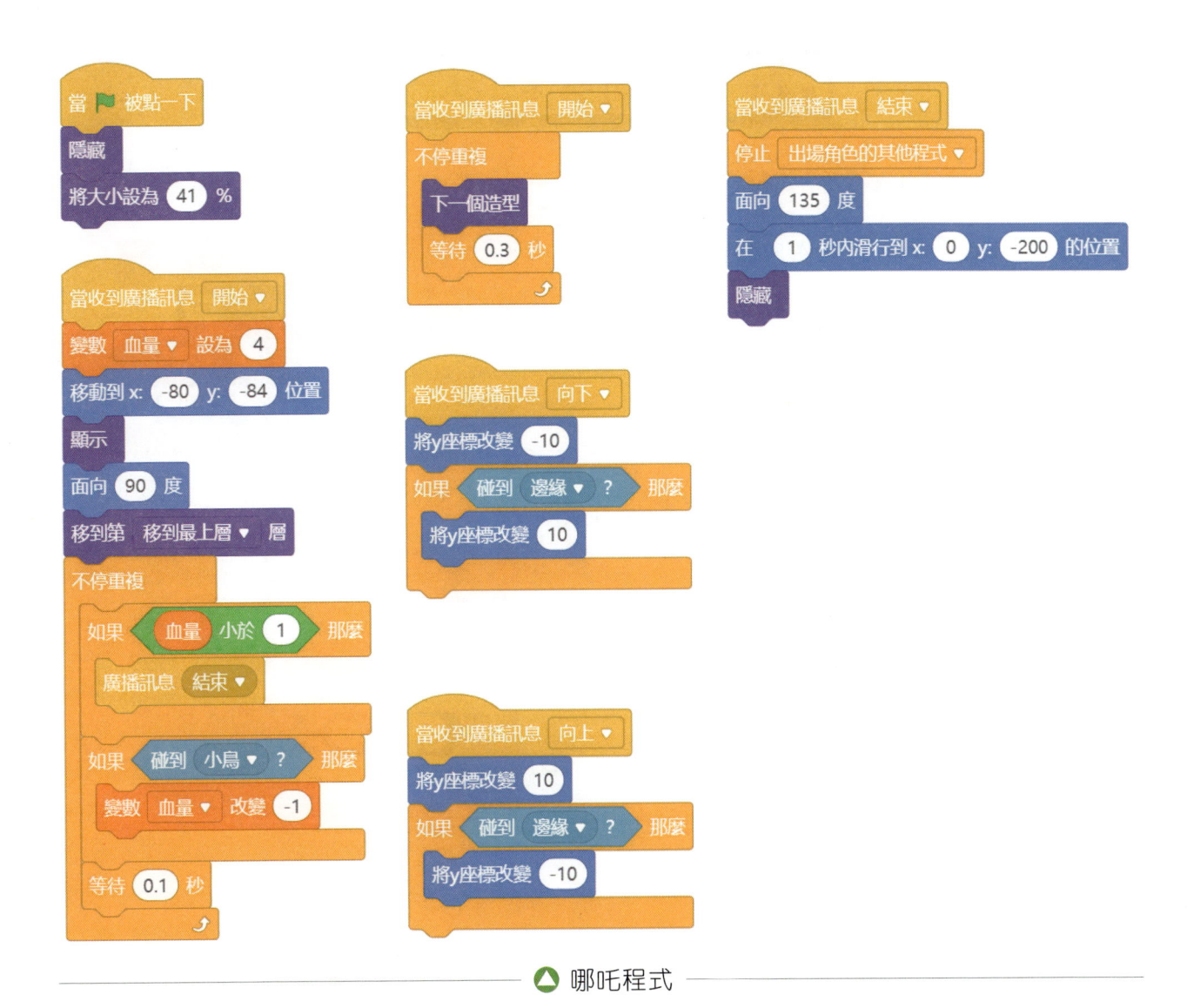

哪吒程式

當 ▶ 被點一下
- 隱藏
- 將大小設為 41 %

當收到廣播訊息 開始
- 變數 血量 設為 4
- 移動到 x: -80 y: -84 位置
- 顯示
- 面向 90 度
- 移到第 移到最上層 層
- 不停重複
  - 如果 血量 小於 1 那麼
    - 廣播訊息 結束
  - 如果 碰到 小鳥 ? 那麼
    - 變數 血量 改變 -1
  - 等待 0.1 秒

當收到廣播訊息 開始
- 不停重複
  - 下一個造型
  - 等待 0.3 秒

當收到廣播訊息 向下
- 將y座標改變 -10
- 如果 碰到 邊緣 ? 那麼
  - 將y座標改變 10

當收到廣播訊息 向上
- 將y座標改變 10
- 如果 碰到 邊緣 ? 那麼
  - 將y座標改變 -10

當收到廣播訊息 結束
- 停止 出場角色的其他程式
- 面向 135 度
- 在 1 秒內滑行到 x: 0 y: -200 的位置
- 隱藏

標題與說明程式

當 ▶ 被點一下
- 顯示
- 造型切換為 遊戲名稱
- 移動到 x: 4 y: 25 位置

當收到廣播訊息 開始
- 隱藏

153

小試身手

選擇題

_____ 1. 紅框中的積木的作用是什麼？
- (A) 減慢角色向上移動的速度
- (B) 讓角色停在原高度
- (C) 讓角色向下移動
- (D) 讓得分減 1 分。

_____ 2. 以下哪一組積木能夠判斷遊戲是否失敗？

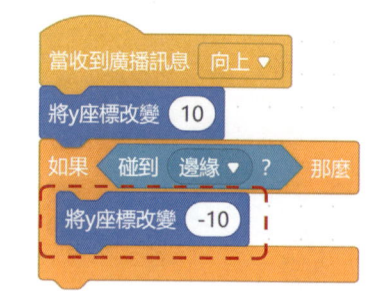

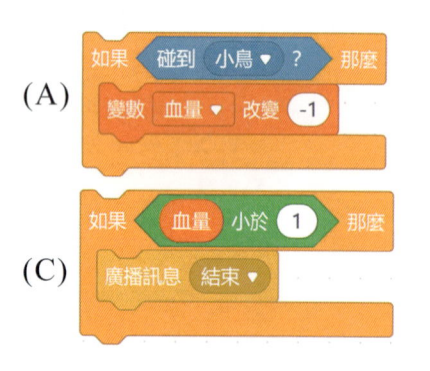

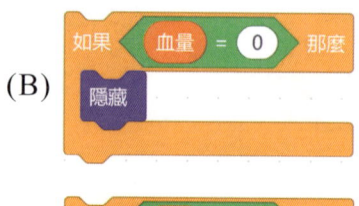

(A) 如果 碰到 小鳥？那麼 變數 血量 改變 -1

(B) 如果 血量 = 0 那麼 隱藏

(C) 如果 血量 小於 1 那麼 廣播訊息 結束

(D) 如果 血量 = 0 那麼 顯示

填充題

根據這次的學習過程，將下面的思維導圖完整填入答案。

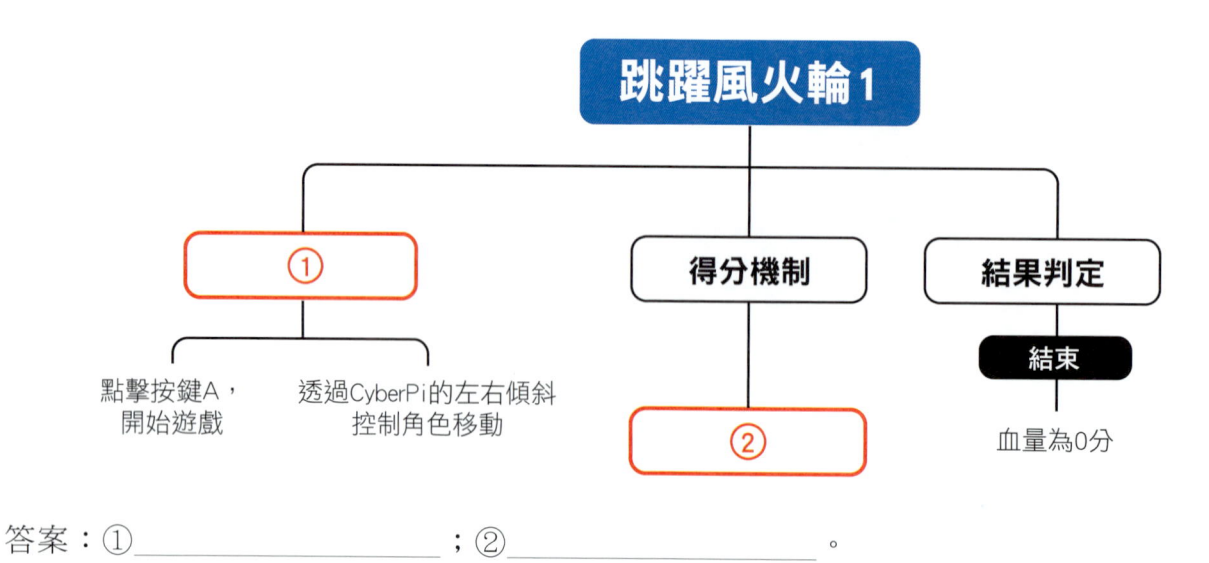

跳躍風火輪1
- ①
  - 點擊按鍵A，開始遊戲
  - 透過CyberPi的左右傾斜控制角色移動
- 得分機制
  - ②
- 結果判定
  - 結束
  - 血量為0分

答案：①_____；②_____。

知識能量站

遊戲角色

　　遊戲角色是玩家在進行遊戲時的虛擬身分，成為他們在遊戲中的精神化身，可以說電玩遊戲人物角色設計的好壞直接影響到電玩遊戲的發展。

　　遊戲角色設計主要包括以下幾個部分：

1. **角色造型**：遊戲角色設計的形體比例、頭部造型、手腳的局部塑造以及臉部表情設定，同時角色造型必須符合遊戲場景，具有該遊戲角色獨立的價值。

2. **服裝設計**：遊戲角色在遊戲中的穿著及佩戴的飾品是遊戲服裝設計的重要組成部分，直接影響人們的視覺美感和遊戲中角色的選擇。

3. **表情設計**：表情是角色必須具備的一個特點，不同的表情代表著遊戲角色不同的情感，要將人物的喜、怒、哀、樂等各種表情都納入到遊戲中。

4. **技能動作設計**：華麗的動作技巧都能讓玩家感受到真實的動感，為玩家提供一種視覺盛宴。

第 16 課

跳躍風火輪 2

知識小百科 — 人工智慧與遊戲

　　遊戲中的人工智慧可以理解為電腦在遊戲中所做的「思考」，它使得遊戲表現出與人們的智慧、行為、活動相類似，或者與玩家的思維、感知相符合的特性。在電玩遊戲的設計開發中應用人工智慧技術，可以提高遊戲的可玩性，改善遊戲開發的過程，甚至會改變遊戲的製作方式。

　　人工智慧在遊戲中的應用，主要有這幾個目標：

- 為玩家提供適合的挑戰。
- 使玩家處於遊戲的興奮狀態。
- 給玩家提供不可預知性的結果。
- 幫助完成遊戲的故事情節。
- 創造一個生動的虛擬世界。

項目分析

　　完成了「跳躍風火輪」的初步挑戰，現在可以切換不同的遊戲模式，去挑戰「跳躍風火輪」中的不同難度的障礙，努力借助「跳躍風火輪」到達遊戲終點吧！

　　以下是「跳躍風火輪2」項目功能分析圖，請仔細觀察，並完成這次的項目任務。此程式分為 CyberPi 和 11 個角色進行互動，CyberPi 須為即時模式，11 個角色分別為白雲、小鳥、星星、效果文字、哪吒、嫦娥、十位數、個位數、百位數、天宮和標題與說明。點選綠色旗子開始程式。

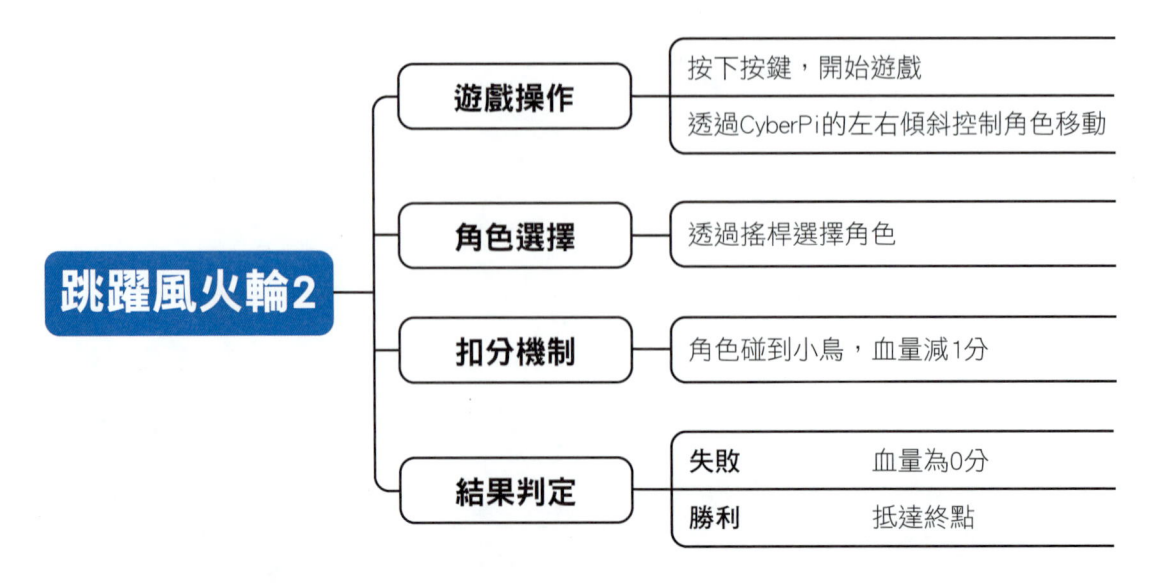

跳躍風火輪2		
	遊戲操作	按下按鍵，開始遊戲
		透過CyberPi的左右傾斜控制角色移動
	角色選擇	透過搖桿選擇角色
	扣分機制	角色碰到小鳥，血量減1分
	結果判定 失敗	血量為0分
	結果判定 勝利	抵達終點

程式設計錦囊

1 角色選擇

(1) 角色選擇頁面

上一節課，我們按下按鍵後就直接開始遊戲；現在按下按鍵後，需要先進行角色選擇。

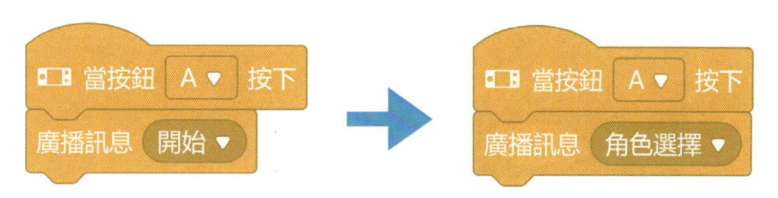

進入角色選擇頁面後，我們可以將這個頁面區分為兩個模組：(1) 文字說明；(2) 角色選項。

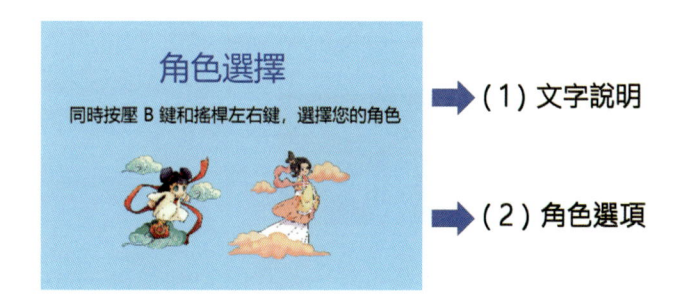

① 文字說明

開始角色選擇時，在舞臺上方出現角色選擇的文字說明。「選擇說明」是「標題與說明」角色中的造型之一。

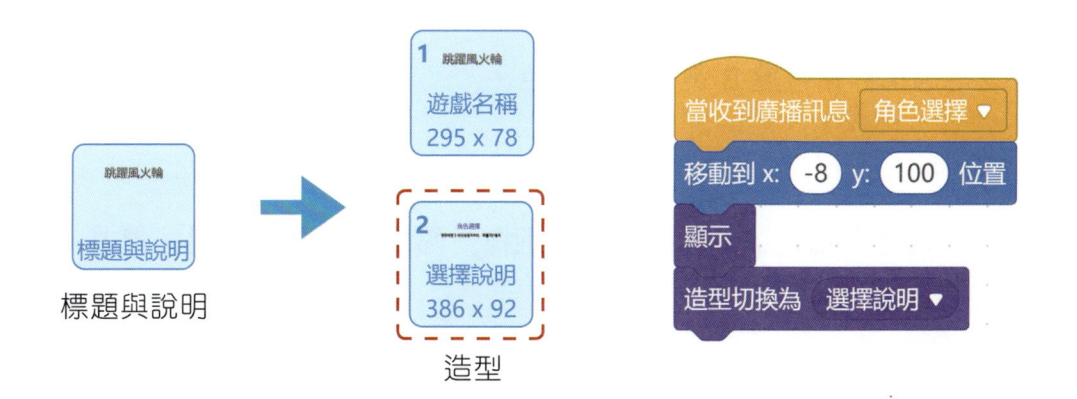

② 角色選項

在舞臺上顯示兩個不同的角色

用 mBlock 玩 CyberPi 編程學習遊戲機—含遊戲機範例

範例 1

開始選擇角色時,在舞臺左邊顯示角色選項「哪吒」,在舞臺右邊顯示角色選項「嫦娥」。

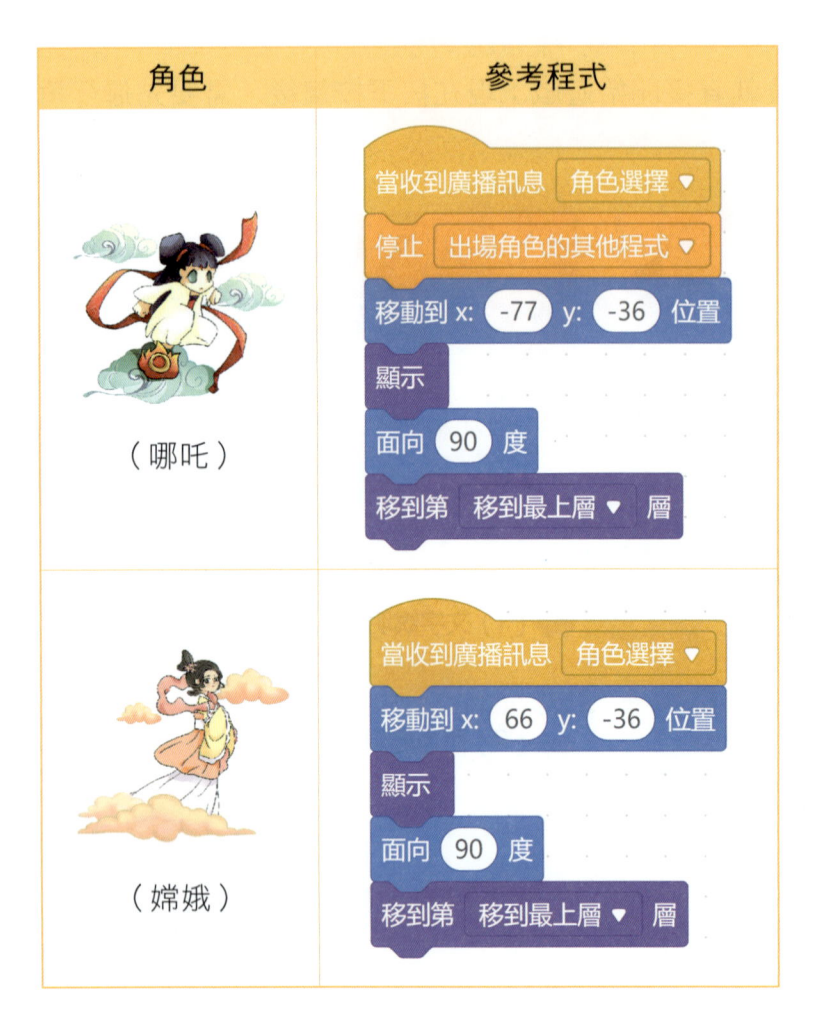

角色	參考程式
（哪吒）	當收到廣播訊息 角色選擇 停止 出場角色的其他程式 移動到 x: -77 y: -36 位置 顯示 面向 90 度 移到第 移到最上層 層
（嫦娥）	當收到廣播訊息 角色選擇 移動到 x: 66 y: -36 位置 顯示 面向 90 度 移到第 移到最上層 層

> **提示**：停止該角色其他腳本的原因是為了確保每一次遊戲都是重新開始。

(2) **進行角色選擇**

可以透過搖桿和按鍵 B 選擇遊戲角色。

範例 2

搖桿向左,選擇「哪吒」;搖桿向右,選擇「嫦娥」,同時透過按鍵 B 來確定遊戲角色。

第 16 課　跳躍風火輪 2

```
當收到廣播訊息 角色選擇▼
停止 出場角色的其他程式▼
不停重複
    如果 〈◻B 搖桿 向左推←▼ ?〉且〈◻B 按鈕 B▼ 被按下?〉那麼
        變數 模式▼ 設為 1
        廣播訊息 開始▼ 並等待
    如果 〈◻B 搖桿 向右推→▼ ?〉且〈◻B 按鈕 B▼ 被按下?〉那麼
        變數 模式▼ 設為 2
        廣播訊息 開始▼ 並等待
```

> **提示：** ① 建立變數「模式」來記錄玩家的選擇。「1」代表哪吒，「2」代表嫦娥。
> ② 停止該角色其他腳本的原因是為了確保每一次遊戲都是重新開始。
> ③ 為了確保每次只能選擇一個遊戲角色，使用「廣播訊息並等待」的積木。

（3）選定角色

選定角色後，就可以開始進行遊戲體驗了。

① 遊戲開始後，需要進入到遊戲介面，同時讓角色「標題與說明」隱藏起來。

② 根據選擇，相對應的角色出現在遊戲畫面中。為了讓程式更加簡單理解，可以在自定義積木中創建並定義「遊戲運行」函數，代表遊戲開始後角色的運行狀態。

```
當收到廣播訊息 開始▼
隱藏
變數 血量▼ 設為 4
移動到 x: -80 y: -84 位置
顯示
面向 90 度
移到第 移到最上層▼ 層
不停重複
    遊戲運行
    如果 〈血量 小於 1〉那麼
        廣播訊息 結束▼
    如果 〈碰到 小鳥▼ ?〉那麼
        變數 血量▼ 改變 -1
    等待 0.1 秒
```

範例 3

如果哪吒被選擇，則控制哪吒進行遊戲；否則，哪吒消失。

提示：① 參考哪吒的程式，將角色「嫦娥」的程式補充完整（包括：動態效果、遊戲運行、角色上下移動、遊戲失敗效果）。
② 可以透過複製積木，在角色「嫦娥」的程式編寫畫面重新創建並定義函數。

❷ 結果判定・遊戲勝利的判定

（1）判定遊戲勝利

當遊戲持續到 100 秒的時候，遊戲即為勝利，角色抵達終點。

① 透過遊戲時間進行判斷

範例 4

可以透過建立「時間」變數，記錄每次的遊戲時長，並在透過 CyberPi 選擇遊戲角色，正式進入遊戲時，將時間歸零。

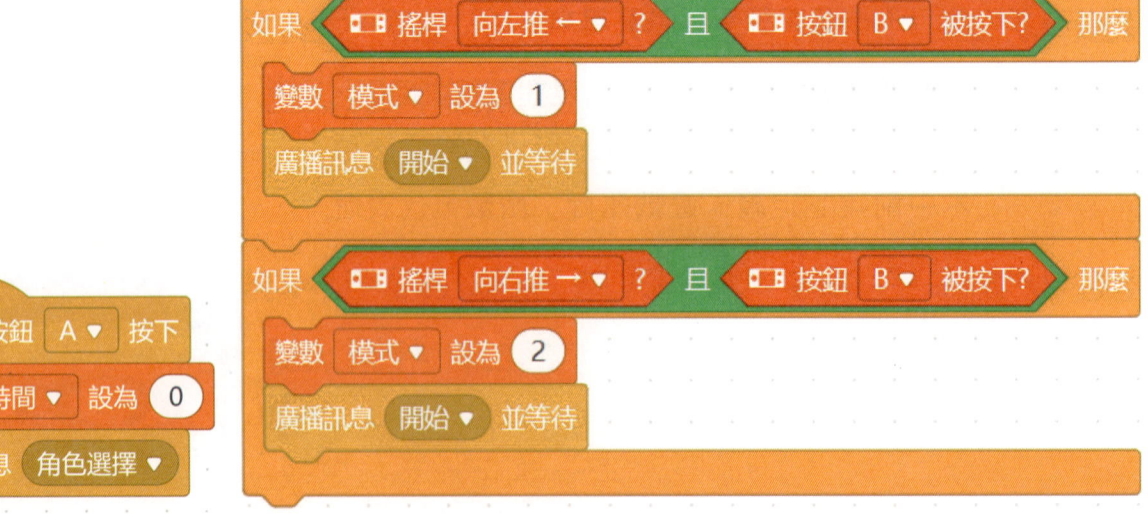

如果遊戲角色堅持的時間長度達到 100，則遊戲勝利。

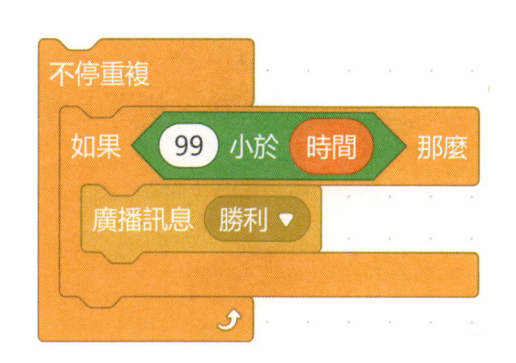

② 時間的動畫效果

為了即時獲取遊戲進度，需要在螢幕上顯示目前的遊戲時間。時間的顯示方法可以參考《金魚嘉年華》中得分的顯示方法。

在百位數字上，我們需要讓時間除於 100，然後向下取整數；在十位數字上，我們用與百位數字一樣的方法，只是需要將除數換做 10，並進行向下取整數；在個位數字上，我們需要用到餘數。

範例 5

120÷100 = 1.2，向下取整數為 1，260÷100 = 2.6，向下取整數為 2；130÷10 = 13，取得值為 13，因為造型只有 10 個，會迴圈到第三個造型，即是 3；14÷10 = 1.4，餘數為 4。

角色	參考程式
個位數	不停重複 / 造型切換為 無條件捨去 數值 時間 / 100
十位數	不停重複 / 造型切換為 無條件捨去 數值 時間 / 10
百位數	不停重複 / 造型切換為 時間 除以 10 的餘數

(1) 遊戲勝利效果

遊戲勝利後，舞臺上會出現目的地「天宮」，同時角色會飛過天宮並隱藏。

角色	參考程式
（天宮）	當收到廣播訊息 勝利 顯示 在 1.5 秒內滑行到 x: -5 y: 0 的位置
（哪吒）	當收到廣播訊息 勝利 停止 出場角色的其他程式 重複 50 次 　將x座標改變 10 隱藏

完整程式

CyberPi 程式

第 16 課　跳躍風火輪 2

白雲程式

當 ▶ 被點一下
將x座標設定為 209
隱藏
不停重複
　建立 自己 的分身
　等待 6 秒

當分身產生
將y座標設定為 從 170 到 -170 隨機選取一個數
顯示
不停重複
　移動 -10 步
　等待 0.1 秒
　如果 x座標 小於 -400 那麼
　　刪除這個分身

當分身產生
不停重複
　下一個造型
　等待 1 秒

小鳥程式

當收到廣播訊息 角色選擇
停止 出場角色的其他程式
隱藏
刪除這個分身

當收到廣播訊息 開始
將x座標設定為 195
隱藏
不停重複
　建立 自己 的分身
　等待 1.5 秒

當分身產生
將y座標設定為 從 170 到 -170 隨機選取一個數
顯示
不停重複
　如果 碰到 邊緣 ？ 那麼
　　刪除這個分身
　如果 碰到 哪吒 ？ 或 碰到 嫦娥 ？ 那麼
　　播放聲音 pop
　　刪除這個分身
　否則
　　下一個造型
　　如果 模式 = 1 那麼
　　　移動 -40 步
　　如果 模式 = 2 那麼
　　　移動 -15 步
　　等待 0.1 秒

用 mBlock 玩 CyberPi 編程學習遊戲機―含遊戲機範例

當收到廣播訊息 開始
移動到 x: -200 y: 143 位置
顯示
不停重複
　如果 血量 = 0 那麼
　　隱藏
　如果 血量 = 1 那麼
　　造型切換為 Star1
　如果 血量 = 2 那麼
　　造型切換為 Star2
　如果 血量 = 3 那麼
　　造型切換為 Star3
　如果 血量 = 4 那麼
　　造型切換為 Star4

當 ▶ 被點一下
隱藏

當收到廣播訊息 勝利
隱藏

當收到廣播訊息 角色選擇
隱藏
停止 出場角色的其他程式

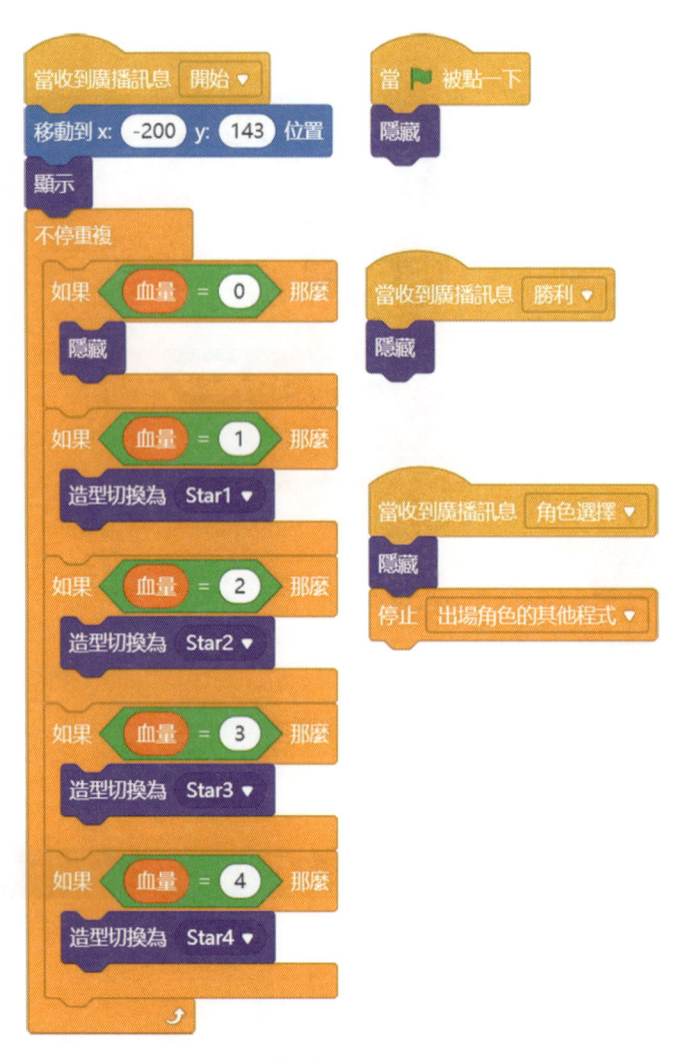

◯ **星星程式**

當收到廣播訊息 開始
不停重複
　變數 時間 改變 1
　等待 1 秒

當收到廣播訊息 結束
造型切換為 失敗
顯示
在 1 秒內滑行到 x: 3 y: 20 的位置
將大小設為 150 %
停止 出場角色的其他程式

當 ▶ 被點一下
顯示
造型切換為 開始
移動到 x: 3 y: -60 位置
將大小設為 70 %

當收到廣播訊息 角色選擇
隱藏
移動到 x: 3 y: -190 位置
將大小設為 100 %
停止 出場角色的其他程式

◯ **效果文字**

第 16 課　跳躍風火輪 2

▲ 哪吒程式

▲ 嫦娥程式

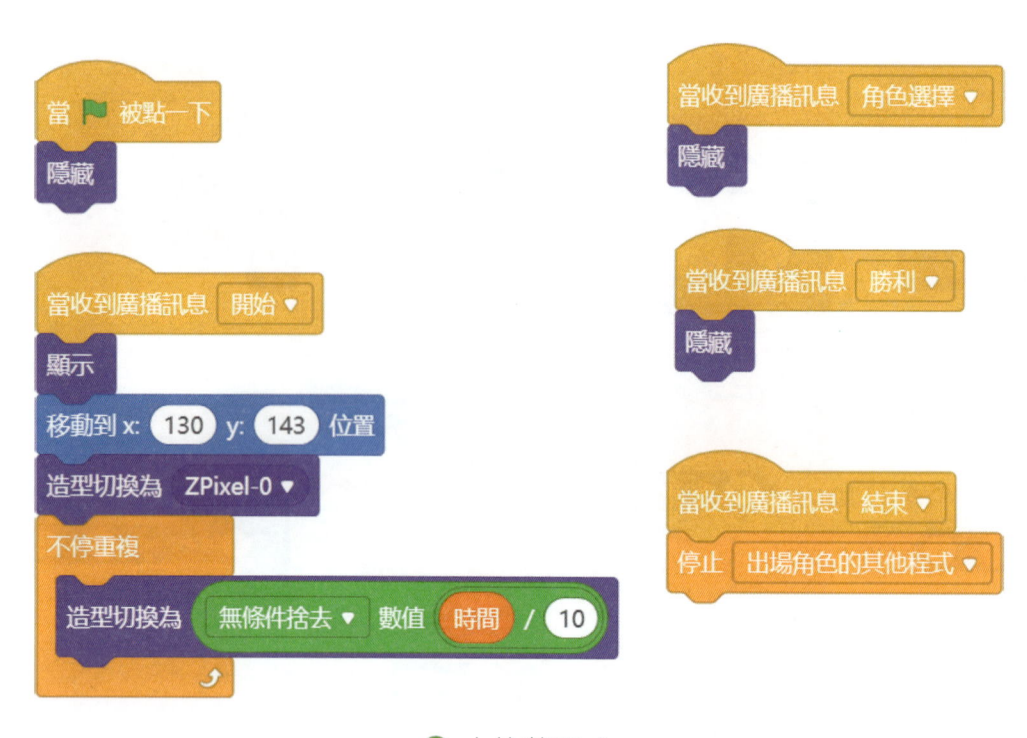

▲ 十位數程式

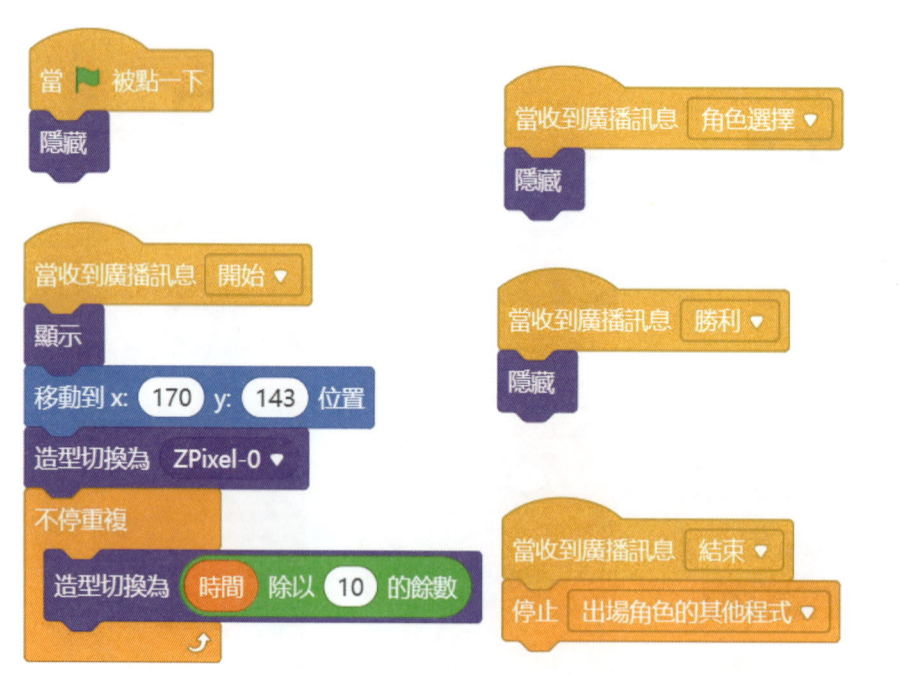

▲ 個位數程式

第 16 課　跳躍風火輪 2

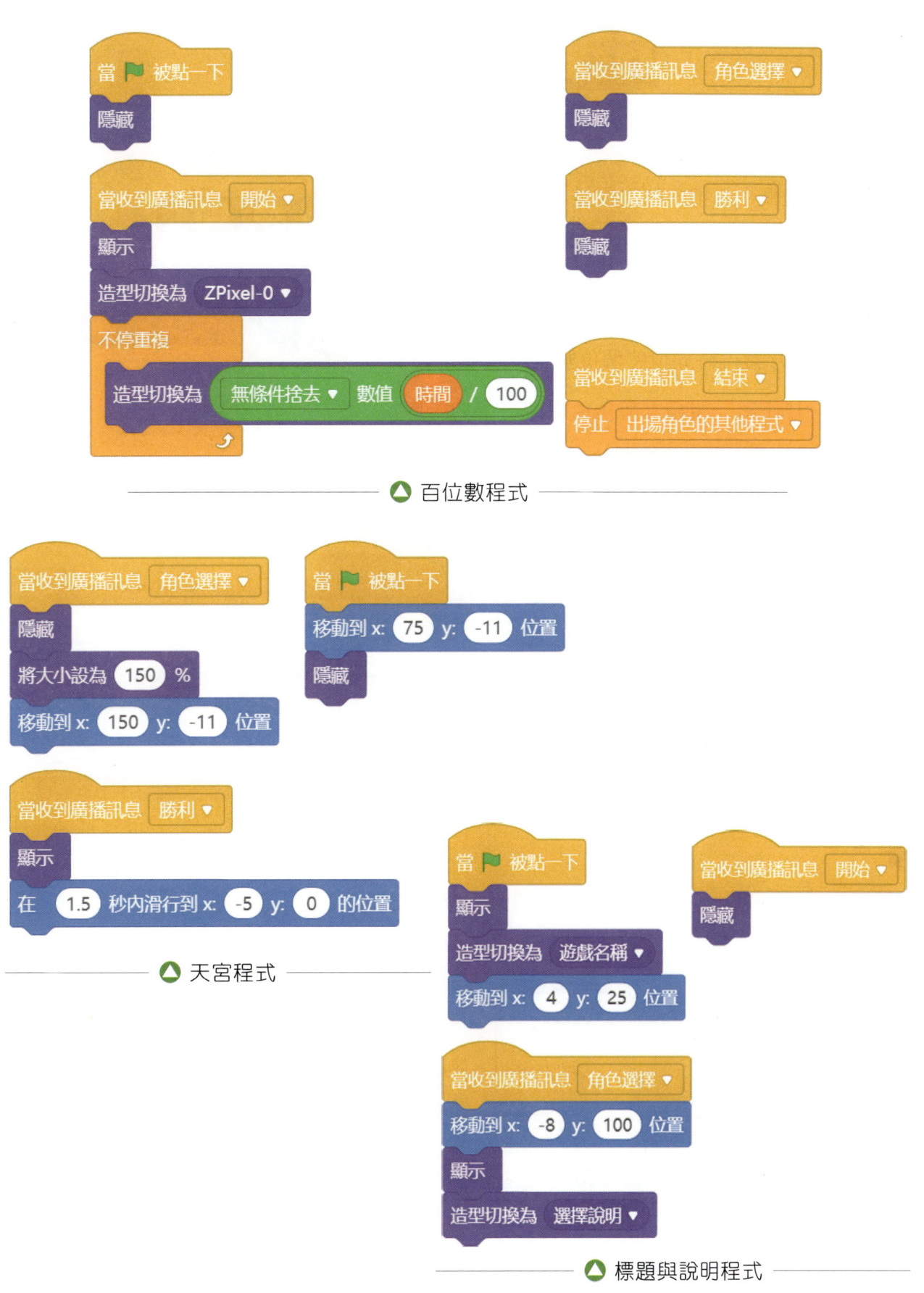

百位數程式

- 當 ▶ 被點一下
  - 隱藏

- 當收到廣播訊息 開始
  - 顯示
  - 造型切換為 ZPixel-0
  - 不停重複
    - 造型切換為 無條件捨去 數值 時間 / 100

- 當收到廣播訊息 角色選擇
  - 隱藏

- 當收到廣播訊息 勝利
  - 隱藏

- 當收到廣播訊息 結束
  - 停止 出場角色的其他程式

天宮程式

- 當收到廣播訊息 角色選擇
  - 隱藏
  - 將大小設為 150 %
  - 移動到 x: 150 y: -11 位置

- 當 ▶ 被點一下
  - 移動到 x: 75 y: -11 位置
  - 隱藏

- 當收到廣播訊息 勝利
  - 顯示
  - 在 1.5 秒內滑行到 x: -5 y: 0 的位置

標題與說明程式

- 當 ▶ 被點一下
  - 顯示
  - 造型切換為 遊戲名稱
  - 移動到 x: 4 y: 25 位置

- 當收到廣播訊息 開始
  - 隱藏

- 當收到廣播訊息 角色選擇
  - 移動到 x: -8 y: 100 位置
  - 顯示
  - 造型切換為 選擇說明

小試身手

🌵 選擇題

_____ 1. 紅框中的積木的作用是什麼？
(A) 將時間顯示在舞臺上
(B) 獲得時間值的十位數字
(C) 獲得時間值的百位數字
(D) 獲得時間值的個位數字。

_____ 2. 以下哪一組積木與角色選擇這個功能無關？

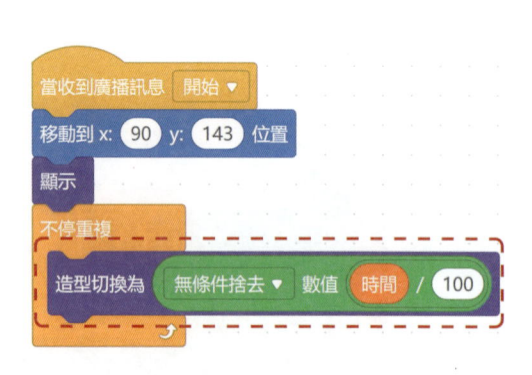

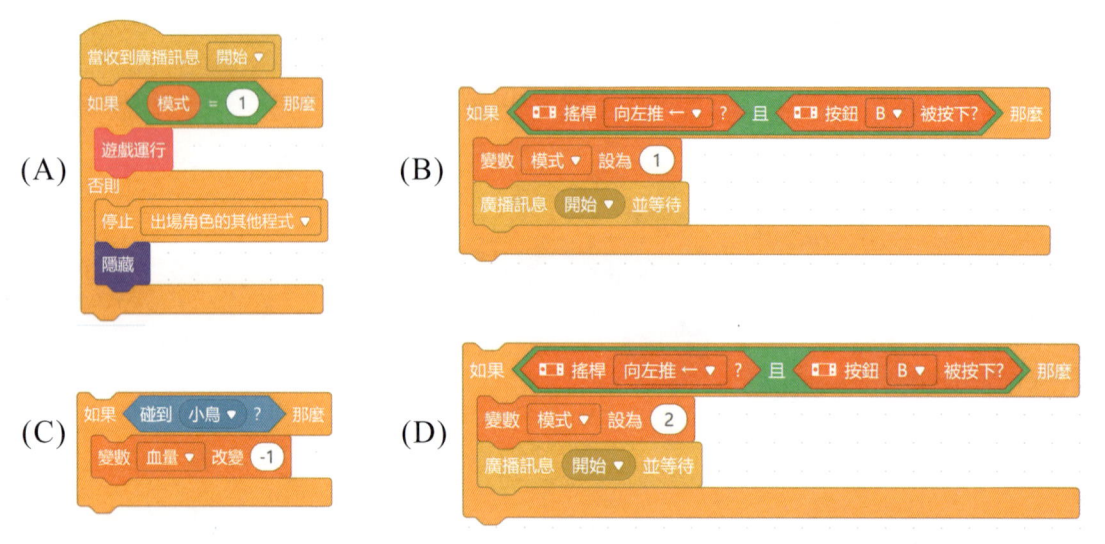

🌷 填充題

根據這次的學習過程，將下面的思維導圖完整填入答案。

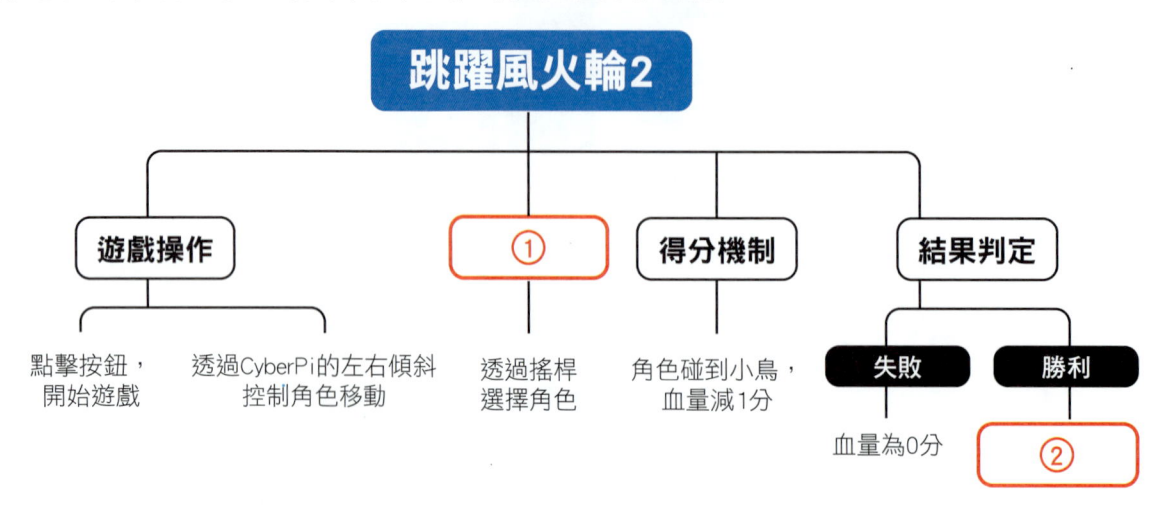

跳躍風火輪2

- 遊戲操作
  - 點擊按鈕，開始遊戲
  - 透過CyberPi的左右傾斜控制角色移動
- ①
  - 透過搖桿選擇角色
- 得分機制
  - 角色碰到小鳥，血量減1分
- 結果判定
  - 失敗：血量為0分
  - 勝利：②

答案：①_____；②_____。

第 16 課 ｜ 實作題

40 mins

題目名稱：跳躍風火輪

題目說明： 製作一個以 CyberPi 作為搖桿的跑酷遊戲，在 mBlock 中角色會跟隨 CyberPi 上下移動，並在畫面上有符號表示目前血量，若角色撞到、碰到障礙物，血量減 1 分，若血量為 0 則結束遊戲。

若時間結束且血量不為 0 則在 CyberPi 的螢幕上顯示「勝利」，反之，螢幕則顯示「失敗」。

> 提示：相關資料請至本書提供的範例程式資料夾中下載。

創客題目編號：A035010

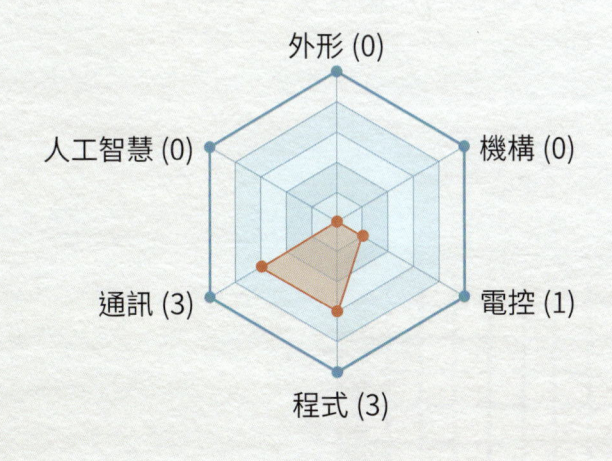

・創客指標・

外形	0
機構	0
電控	1
程式	3
通訊	3
人工智慧	0
創客總數	**7**

外形 (0)、機構 (0)、電控 (1)、程式 (3)、通訊 (3)、人工智慧 (0)

知識能量站

非玩家角色

　　非玩家角色簡稱「NPC（Non-Player Character）」，是遊戲中的一種角色類型，指的是遊戲中不受玩家操縱的遊戲角色，最早起源於單機遊戲，後來被逐漸應用到其它遊戲領域。

　　在電玩遊戲中，NPC 一般是由電腦的人工智慧控制，擁有自身行為模式的角色，用於和玩家進行遊戲互動，增強遊戲體驗，提升遊戲趣味，是遊戲設計者與玩家互動的重要途徑。

　　例如：人機對戰的棋牌類遊戲中，控制電腦下棋的角色就屬於此遊戲的 NPC；玩家在遊戲中買賣物品的時候，需要點擊的那個商人是 NPC，玩家做任務時需要對話的人物也是 NPC。

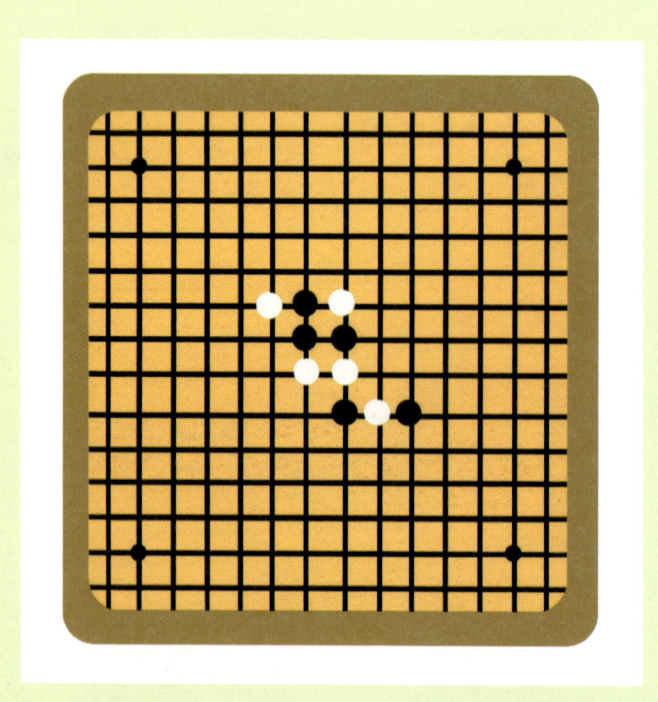

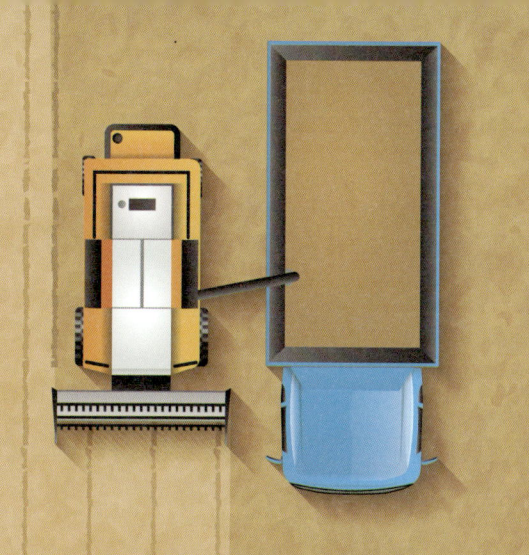

附　錄

1. 在 CyberPi 中玩自創遊戲

2. 小試身手、實作題解答

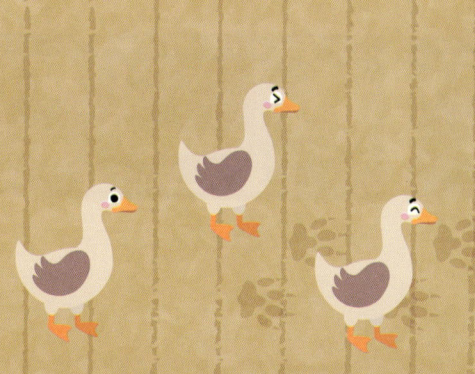

附錄 1　在 CyberPi 中玩自創遊戲

　　CyberPi 編程學習遊戲機支援使用 mBlock 5（包含圖形化編輯器和 Python 編輯器）、MicroPython 等程式語言編輯器來進行程式設計及製作遊戲。本書中前面章節是藉由軟體 mBlock 5 圖形化積木與硬體 CyberPi 的結合進行各種應用，而當我們想要將設計好的遊戲下載安裝於 CyberPi 遊戲機時，就必須使用到一個原廠名稱（暫定）為「顯示屏＋」的擴展方塊，「顯示屏＋」使用了物件導向的程式設計概念。因此在程式設計上，新增了「定義」物件的步驟，而目前此功能尚在測試階段且只有簡體中文版本。

　　同學們可設想當新購入 CyberPi 時即可馬上體驗遊戲與操作，用 CyberPi 來玩自己所精心設計出來的遊戲，會是多麼美妙有成就感的一件事！

　　然而 CyberPi 本身具有 CyberOS 可支援多語言介面和 8 個程式儲存，當拿到 CyberPi 時便可開啟 ON 鍵開機進入首頁選單。首頁選單擁有以下功能，可以透過 CyberPi 上方的搖桿來選擇，藉由 A 鍵返回，B 鍵確認，程式執行時按壓 Home 鍵回到主選單。

主選單	次目錄	說明
重新開機	無	可重啟程式。
切換程式	8 個程式範例	提供 8 個程式，更新韌體時會提供展示的程式，使用者也可自行上傳程式。
設定	語言設定	可設定 CyberOS 語言。
	系統更新	顯示韌體版本並可透過連網方式更新最新韌體。
幫助	使用說明	提供 QR code 內容作為操作說明。
	關於我們	提供信箱給使用者反饋問題。

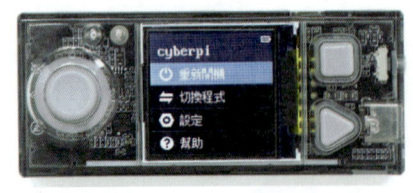

▲ CyberOS 主選單 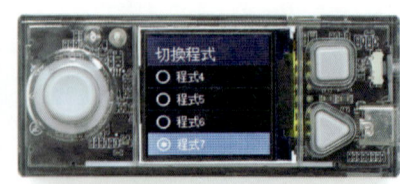　　▲ 切換程式 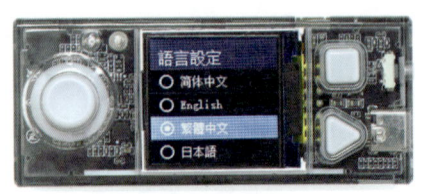　　▲ 語言設定

啟動新的 CyberPi 或更新完韌體後的 CyberPi 本身就具備 8 個展示程式，讓使用者快速地使用操作。

名稱	範例名稱	說明
程式 1	錄音機	使用 CyberPi 進行錄音功能，可以錄製使用者說出的聲音。
程式 2	音量柱	透過柱狀圖顯示環境音的大小聲。
程式 3	萬花筒	顯示三角形、矩形的萬花筒圖形。
程式 4	三角函數	使用折線圖顯示三角函數數值。
程式 5	尋找綠方塊	互動遊戲：透過傾斜 CyberPi 來控制螢幕中的白色方塊碰觸綠色小方塊。
程式 6	數學遊戲	互動遊戲：使用搖桿上下移動數學方程式碰觸正確解答。
程式 7	飛機遊戲	互動遊戲：按壓 A 鍵開始遊戲，使用搖桿移動飛機，並透過 A 鍵發射子彈攻擊敵方飛機。
程式 8	贈送禮物	搖晃傳送禮物給區域網路間另一個 CyberPi，此操作須先連接 Wi-Fi。

本附錄則提供原廠遊戲機範例 – 飛機遊戲，此為原廠程式 7 的範例，程式檔案可至台科大圖書網站（http://tkdbooks.com）圖書專區，搜尋本書相關字（書號、書名、作者），進行書籍搜尋，搜尋該書後，即可下載附錄遊戲機範例檔案內容。日後原廠會陸續上傳更多遊戲機範例檔案，同學們可至此連結下載。

遊戲機範例 — 飛機遊戲

1 遊戲介紹

使用 CyberPi 製作飛機遊戲，螢幕將顯示玩家飛機和敵方飛機，敵方會朝著玩家飛機前進攻擊，玩家須發射子彈攻擊敵方飛機，打到敵方飛機時將獲得分數，但玩家飛機碰觸到敵方飛機時，遊戲將結束。此程式需要上傳至 CyberPi 中才能正確執行。

用 mBlock 玩 CyberPi 編程學習遊戲機—含遊戲機範例

2 上傳方式

(1) 將 CyberPi 藉由 USB 線與電腦連接，並且新增 CyberPi 硬體。

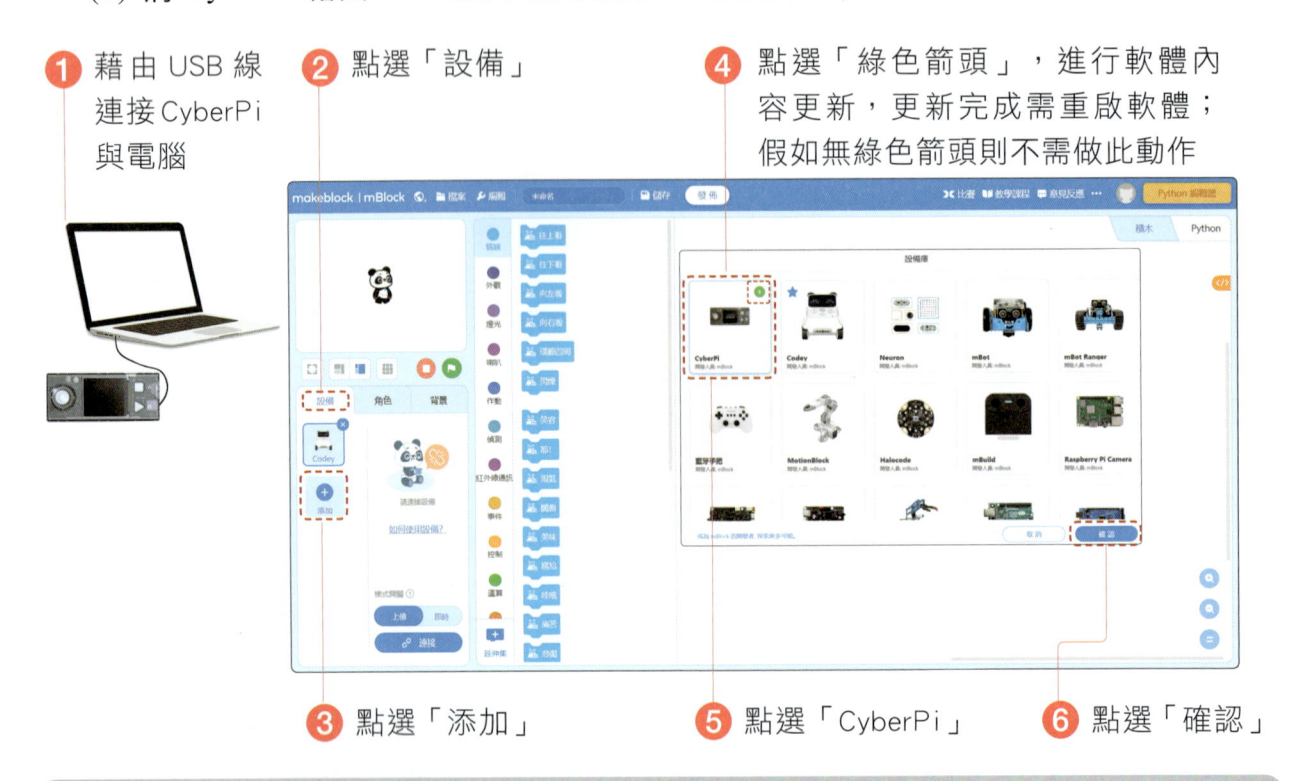

❶ 藉由 USB 線連接 CyberPi 與電腦
❷ 點選「設備」
❸ 點選「添加」
❹ 點選「綠色箭頭」，進行軟體內容更新，更新完成需重啟軟體；假如無綠色箭頭則不需做此動作
❺ 點選「CyberPi」
❻ 點選「確認」

提示：① 預設 Codey（程小奔）。
② 假如硬體右上角有綠色鍵頭符號，請先點選，進行下載更新動作。

(2) 刪除設備

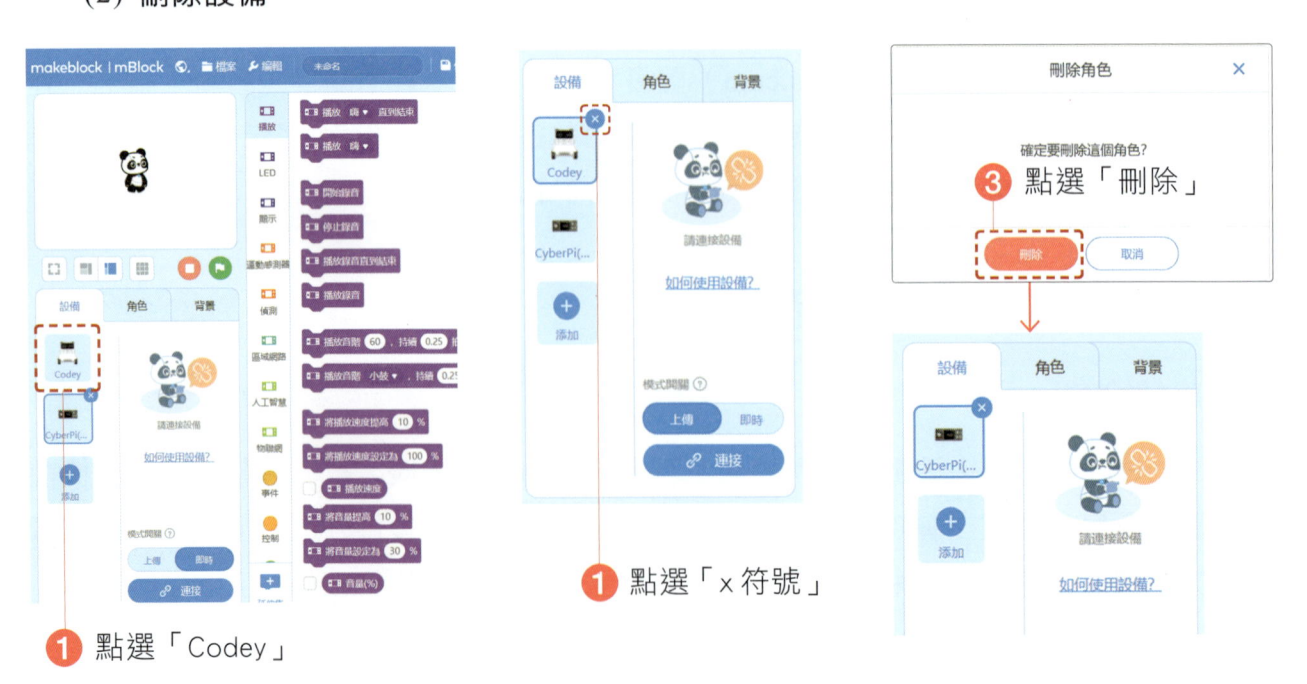

❶ 點選「Codey」
❶ 點選「x 符號」
❸ 點選「刪除」

176

附錄 1　在 CyberPi 中玩自創遊戲

(3) mBlock 軟體連接硬體

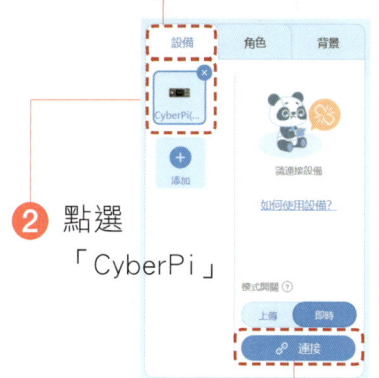

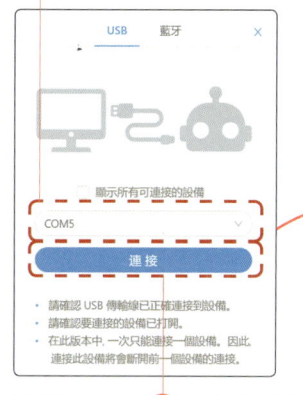

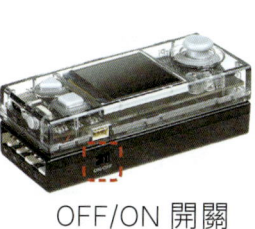

❶ 點選「設備」
❷ 點選「CyberPi」
❸ 點選「連接」
❹ 選擇正確的序列埠
❺ 點選「連接」
❻ 完成連線

OFF/ON 開關

提示：序列埠會依據電腦不同而產生不同數字。

(4) 上傳程式到 CyberPi

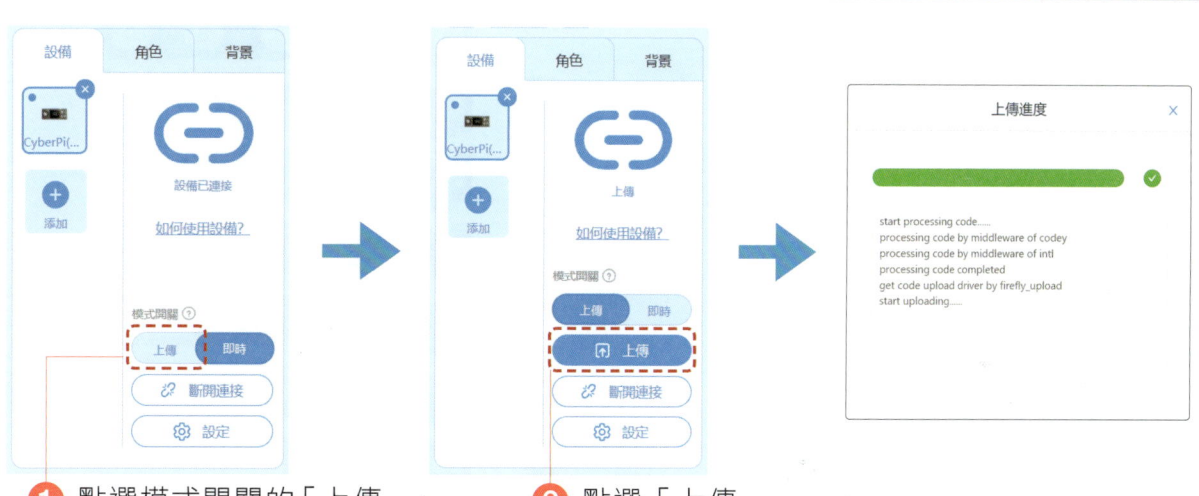

❶ 點選模式開關的「上傳」，切換成上傳模式
❷ 點選「上傳」

❸ CyberPi 操控說明

(1) **啟動遊戲**：按壓 A 鍵開始遊戲。

(2) **遊戲操作**：

　　① 透過搖桿的上、下、左、右鍵移動玩家飛機。

　　② 按壓 A 鍵讓玩家飛機發射子彈。

　　③ 當子彈擊中敵方飛機時，右上方分數將會加分。

　　④ 敵方飛機會隨機顯示來衝撞玩家飛機。

　　⑤ 當敵方飛機衝撞到玩家飛機時，則遊戲結束。

(3) **遊戲結束與重新啟動**：當遊戲結束時，需透過 Home 鍵進行程式重新啟動，開始新的遊戲。

④ 擴展方塊（目前介面僅提供簡體中文版）

(1) 要快速在 CyberPi 建立圖像，可以在 CyberPi 延伸集中的「顯示屏+」取得相關方塊。

(2) 「顯示屏+」的相關方塊，僅能在上傳模式中使用，程式撰寫完需上傳至 CyberPi 中才能正確執行。

△ 顯示屏+　　　　　　　　　△ 精靈

韌體更新

當程式修改後或有最新韌體時,可以進行韌體更新,假如連線設備後,顯示黃字「更新」時,請使用者手動更新,才能得到最新的功能及正常操作,更新操作步驟如下:

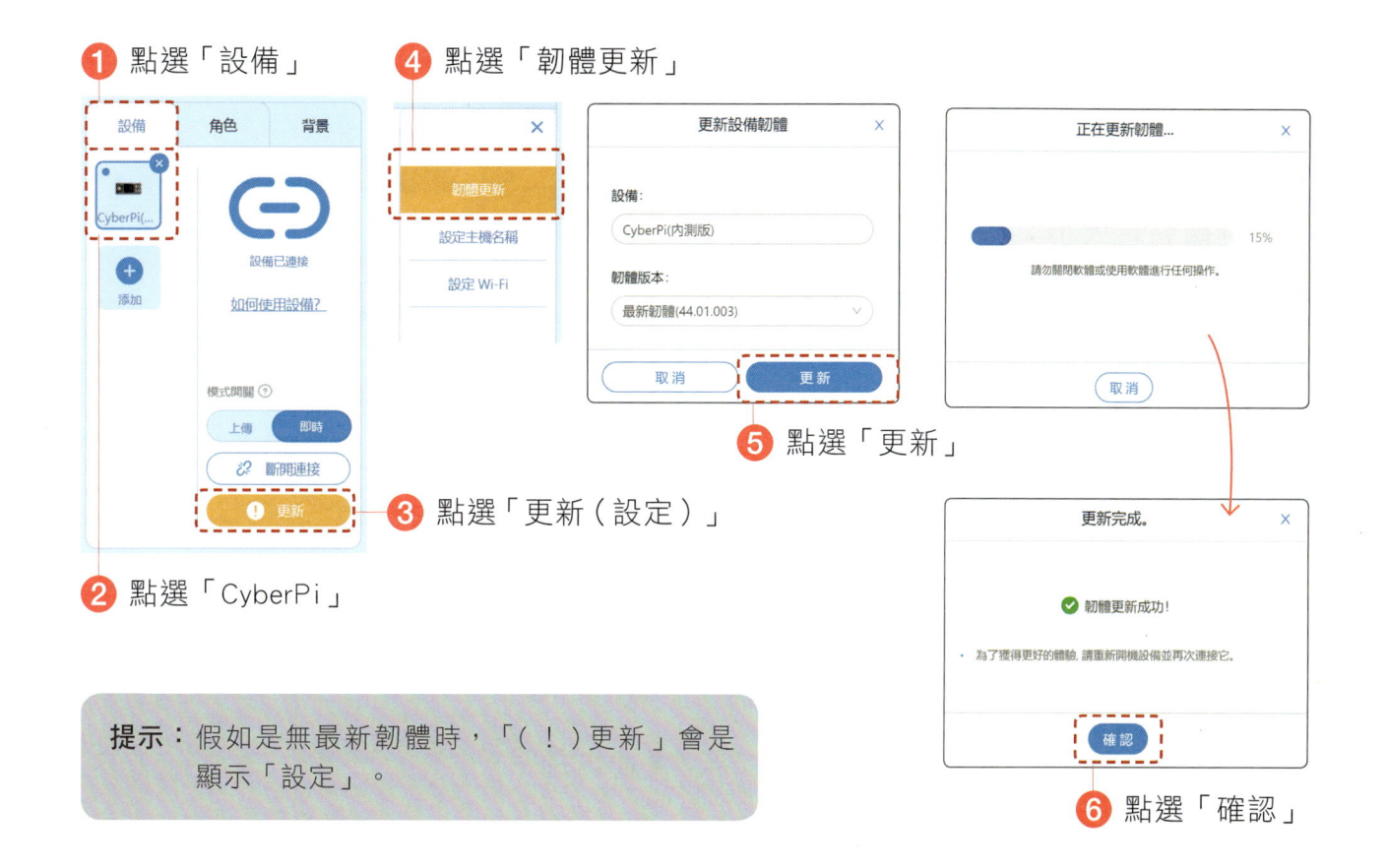

❶ 點選「設備」

❷ 點選「CyberPi」

❸ 點選「更新(設定)」

❹ 點選「韌體更新」

❺ 點選「更新」

❻ 點選「確認」

提示:假如是無最新韌體時,「(!)更新」會是顯示「設定」。

程式的更換

將內建展示程式更換成自己的程式:當要將預設程式 1 ～ 8 個展示程式修改成自己的程式,操作步驟如下:

Step 1 控制 CyberPi 選擇要更改的程式,舉例如選擇「程式 1」。

Step 2 透過 mBlock 切換上傳模式,點選「上傳」,上傳程式到 CyberPi。

Step 3 此時 CyberPi 中的程式 1,即變成自己所上傳的程式。

Step 4 假如要更換程式 2,此時在 CyberPi 上方選擇「程式 2」後再進行上傳。

附錄 2　小試身手、實作題解答

第 1 課

▶ 小試身手

🌵 選擇題

　　1. (C)　　2. (D)

🌱 填充題

　　①判斷聲音大小；② LED 燈顯示紅色並閃爍；③文字「請保持安靜」消失。

▶ 實作題

（CyberPi 程式圖）

◯ CyberPi 程式

第 2 課

▶ 小試身手

🌵 選擇題

　　1. (A)　　2. (B)

🌱 填充題

　　①燈光效果；②越強；③根據聲音變化柱狀圖的高低。

▶ 實作題

（CyberPi 程式圖）

◯ CyberPi 程式

第 3 課

▶ 小試身手

🌵 選擇題

　　1. (D)　　2. (B)

🌱 填充題

　　獲取歷年溫度數據。

第 4 課

▶ 小試身手

🌵 是非題

　　1. (○)　　2. (×)　　3. (×)

🌵 選擇題

　　1. (A)

🌱 填充題

　　① 發起投票；② 投票方；③ 查看最終投票情況。

▶ 實作題

▲ CyberPi 1（投票發起方）程式

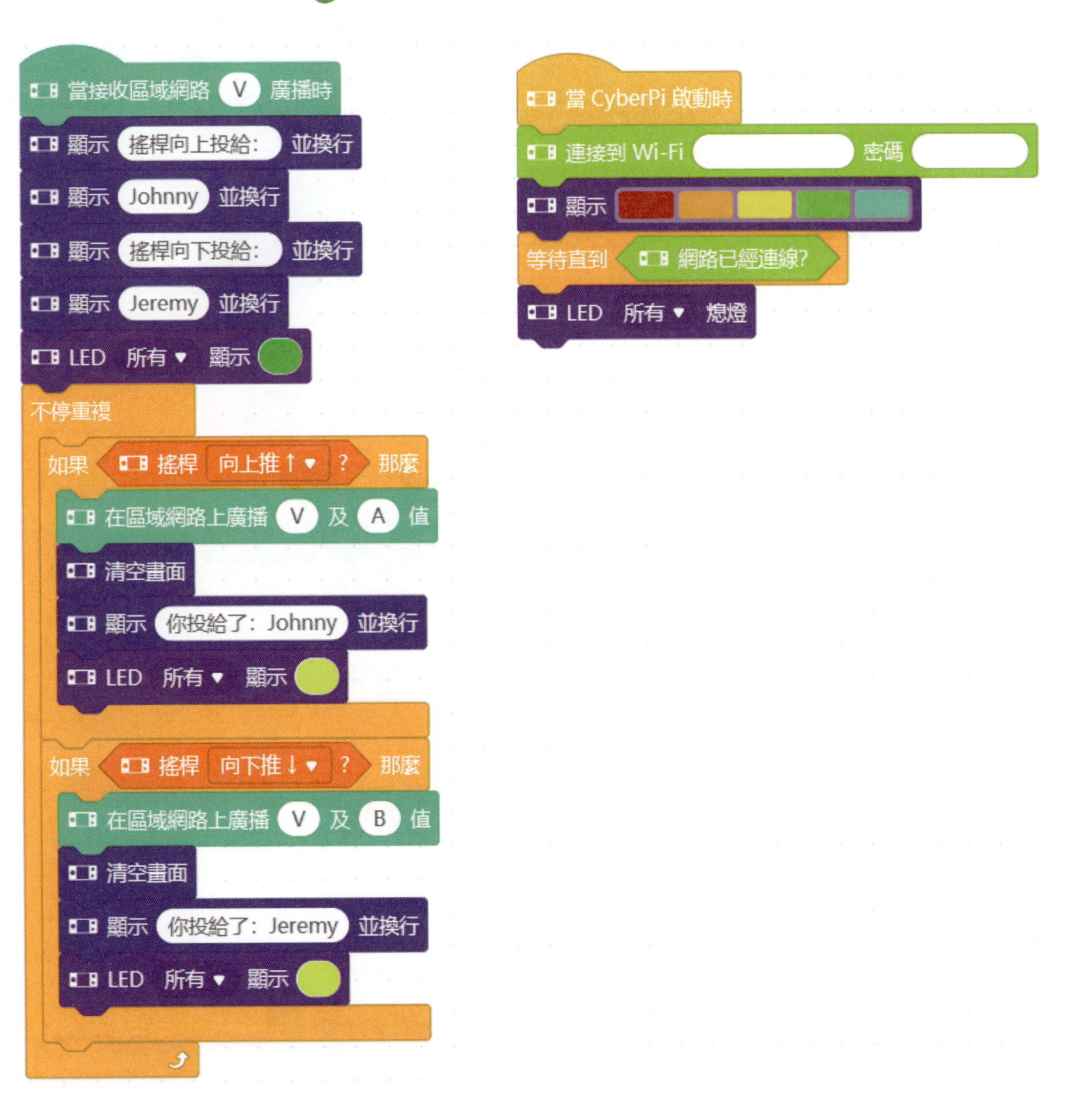

▲ CyberPi 2（投票方）程式

181

第 5 課

▶ 小試身手

🌵 選擇題

1. (B)　2. (C)

🌼 填充題

①連接無線網路；②朗讀翻譯內容；③結束翻譯。

▶ 實作題

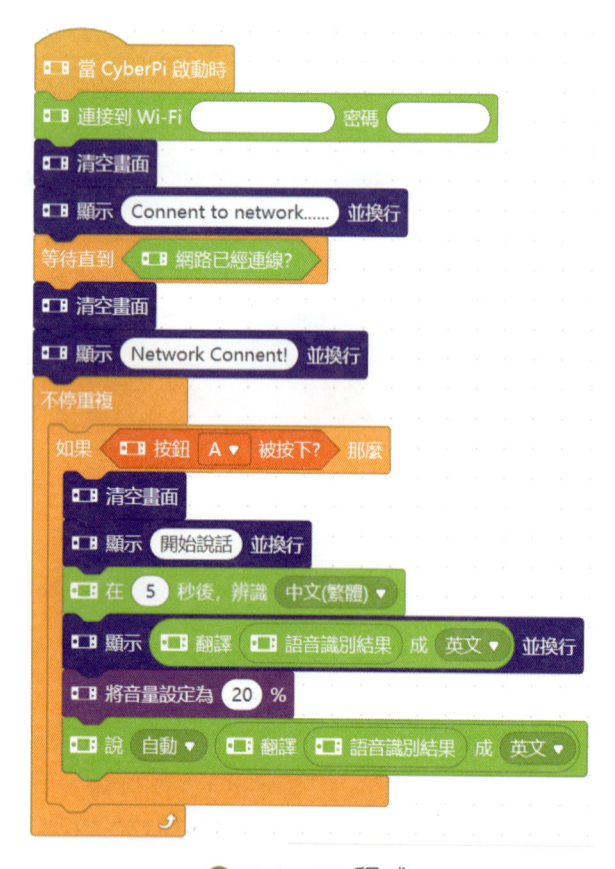

△ CyberPi 程式

第 6 課

▶ 小試身手

🌵 選擇題

1. (B)　2. (D)

🌼 填充題

① 植物狀態異常時提醒；② 進行澆水。

▶ 實作題

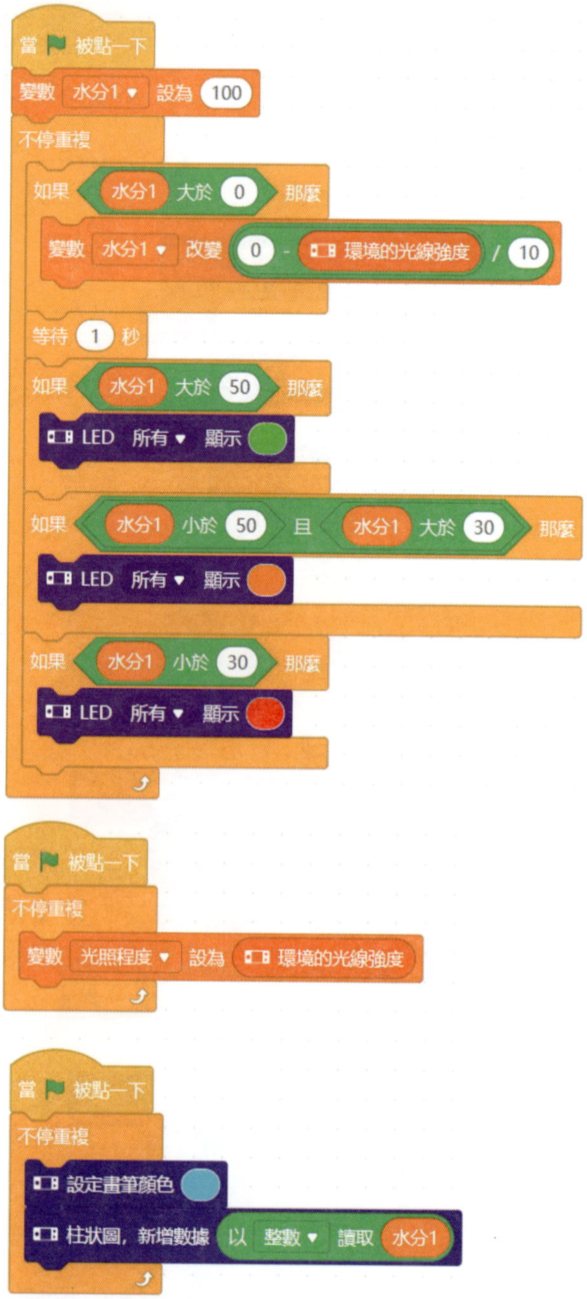

△ CyberPi 程式

第 7 課

▶ 小試身手

選擇題

1. (B)　2. (D)

填充題

①選擇模式；②自動調光；③久坐模式。

▶ 實作題

△ CyberPi 程式

第 8 課

▶ 小試身手

選擇題

1. (C)　2. (B)

填充題

① 發送取件碼；② 收取快遞；③ 取件碼正確，打開櫃門。

第 9 課

▶小試身手

🌵 選擇題

　　1. (B)　 2. (B)

🌼 填充題

　　① 小車讀取語音資訊；②到達目的地。

第 10 課

▶小試身手

🌵 選擇題

　　1. (B)　 2. (C)

🌼 填充題

　　①公車到站距離；②進行到站提醒。

第 11 課

▶小試身手

🌵 選擇題

　　1. (A)　 2. (A)

🌼 填充題

　　① 遊戲操作；② 得分加 1 分；
　　③ 結果判定。

▶實作題

── CyberPi 程式

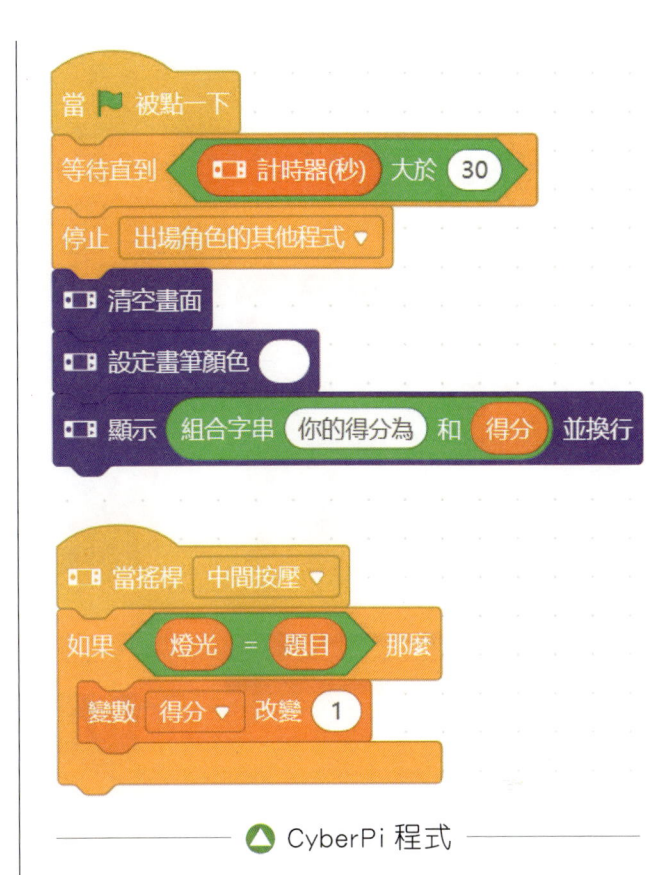

第 12 課

▶ 小試身手

🌵 是非題

1. (○)　2. (○)

🌵 選擇題

1. (C)

🌵 填充題

①遊戲操作；②得分機制；③操作失敗，結束遊戲。

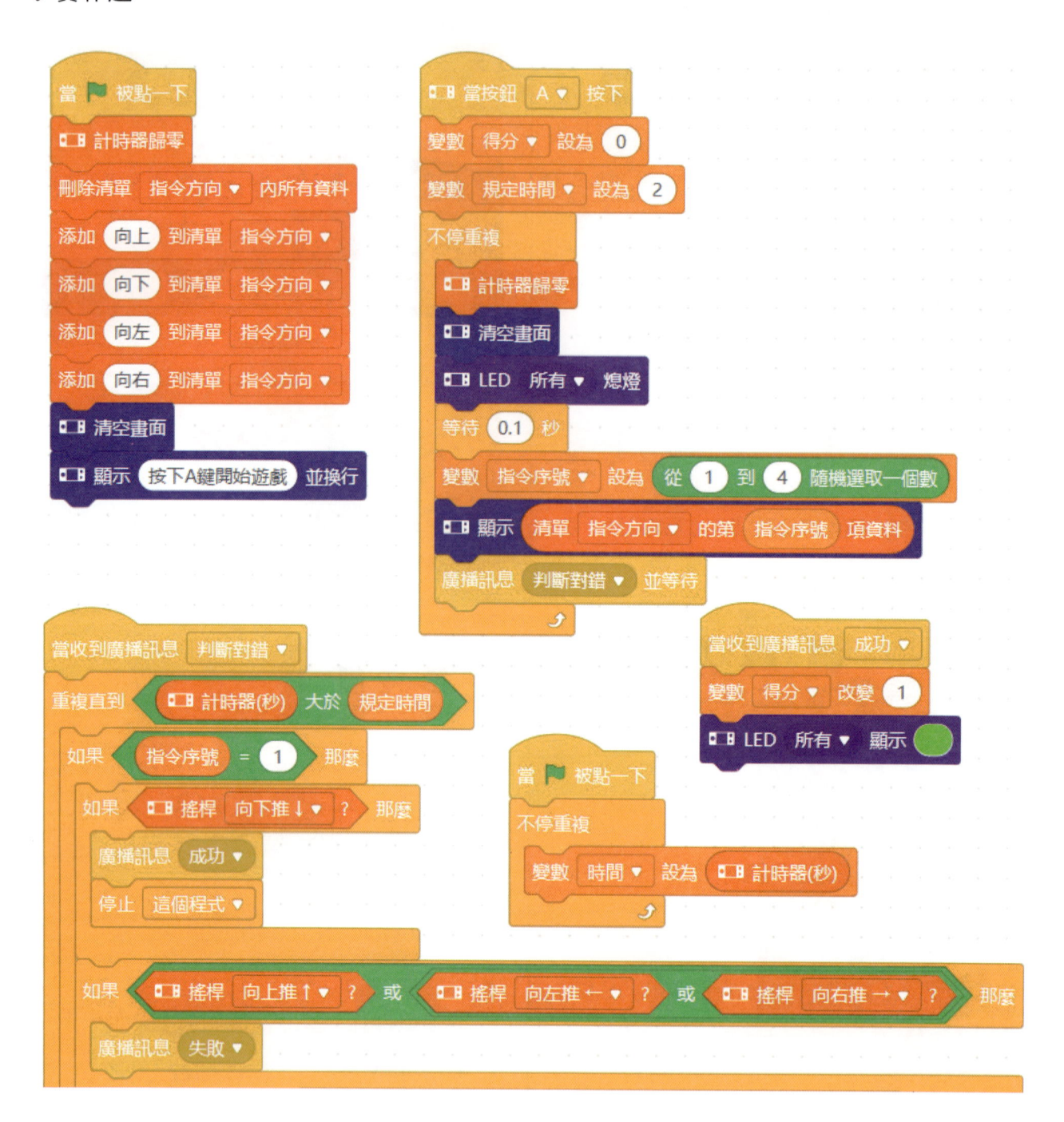

▶ 實作題

當 🏁 被點一下
- 計時器歸零
- 刪除清單 [指令方向▼] 內所有資料
- 添加 (向上) 到清單 [指令方向▼]
- 添加 (向下) 到清單 [指令方向▼]
- 添加 (向左) 到清單 [指令方向▼]
- 添加 (向右) 到清單 [指令方向▼]
- 清空畫面
- 顯示 (按下A鍵開始遊戲) 並換行

當按鈕 [A▼] 按下
- 變數 [得分▼] 設為 0
- 變數 [規定時間▼] 設為 2
- 不停重複
  - 計時器歸零
  - 清空畫面
  - LED [所有▼] 熄燈
  - 等待 0.1 秒
  - 變數 [指令序號▼] 設為 從 1 到 4 隨機選取一個數
  - 顯示 清單 [指令方向▼] 的第 (指令序號) 項資料
  - 廣播訊息 [判斷對錯▼] 並等待

當收到廣播訊息 [判斷對錯▼]
- 重複直到 〈計時器(秒) 大於 (規定時間)〉
  - 如果 〈指令序號 = 1〉那麼
    - 如果 〈搖桿 [向下推↓▼]?〉那麼
      - 廣播訊息 [成功▼]
      - 停止 [這個程式▼]
    - 如果 〈搖桿 [向上推↑▼]? 或 搖桿 [向左推←▼]? 或 搖桿 [向右推→▼]?〉那麼
      - 廣播訊息 [失敗▼]

當收到廣播訊息 [成功▼]
- 變數 [得分▼] 改變 1
- LED [所有▼] 顯示 🟢

當 🏁 被點一下
- 不停重複
  - 變數 [時間▼] 設為 計時器(秒)

附錄 **2** 小試身手、實作題解答

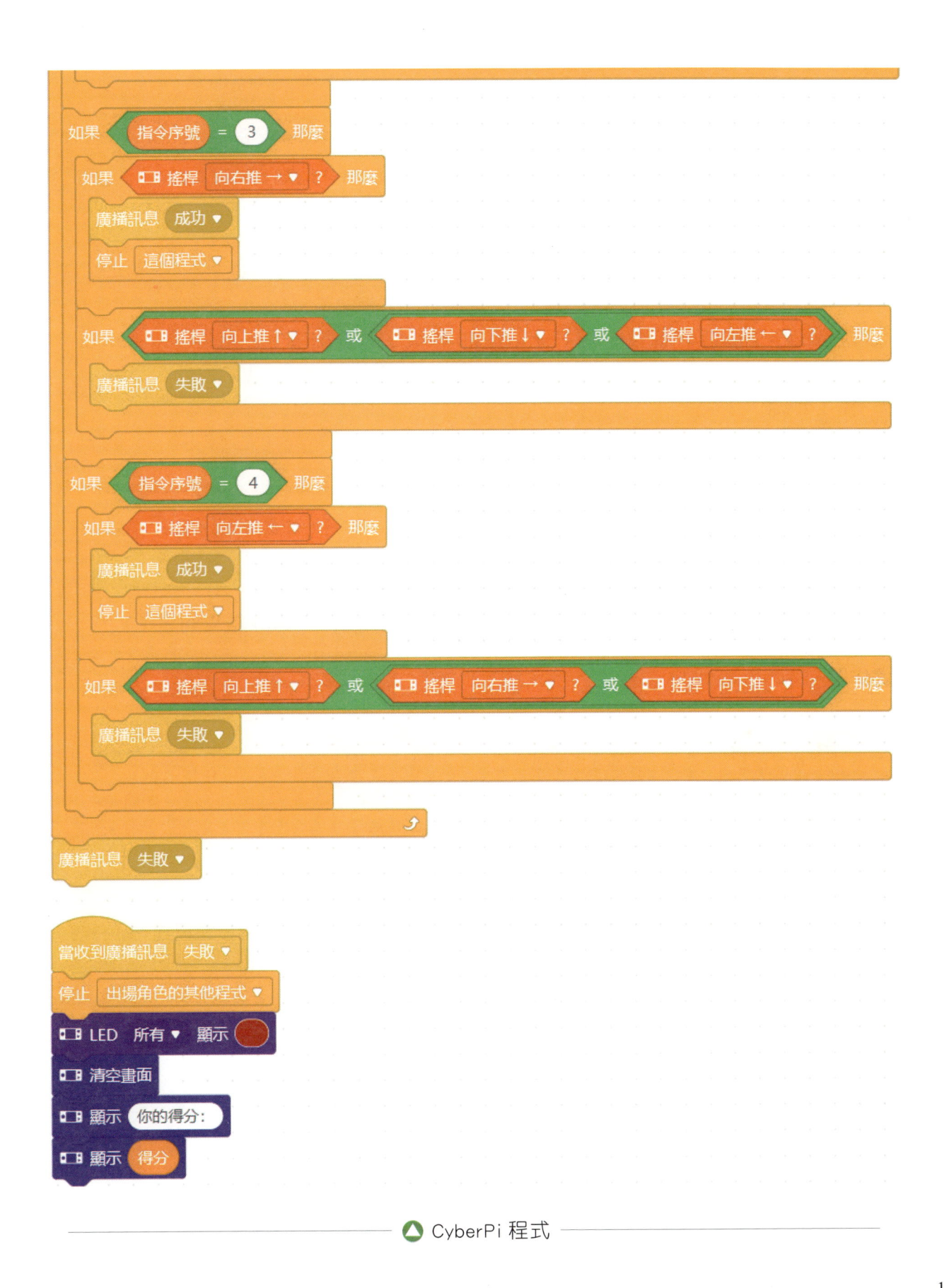

```
如果 〈 指令序號 = 3 〉 那麼
    如果 〈 搖桿 向右推→ ? 〉 那麼
        廣播訊息 成功
        停止 這個程式
    如果 〈 搖桿 向上推↑ ? 或 搖桿 向下推↓ ? 或 搖桿 向左推← ? 〉 那麼
        廣播訊息 失敗

如果 〈 指令序號 = 4 〉 那麼
    如果 〈 搖桿 向左推← ? 〉 那麼
        廣播訊息 成功
        停止 這個程式
    如果 〈 搖桿 向上推↑ ? 或 搖桿 向右推→ ? 或 搖桿 向下推↓ ? 〉 那麼
        廣播訊息 失敗

廣播訊息 失敗
```

```
當收到廣播訊息 失敗
停止 出場角色的其他程式
LED 所有 顯示 ●
清空畫面
顯示 你的得分：
顯示 得分
```

▲ CyberPi 程式

187

第 13 課

▶ 小試身手

🌵 是非題

　1.（○）　2.（○）　3.（×）

🌵 選擇題

　1.（A）

🌷 填充題

　① 遊戲操作；② 撈一條魚，得 1 分；③ 30 秒後，遊戲結束。

第 14 課

▶ 小試身手

🌵 選擇題

　1.（D）　2.（B）

🌷 填充題

　① 按下方向鍵，漁網移動；② 按下搖桿，撈魚次數加 1 次；③ 結束判定。

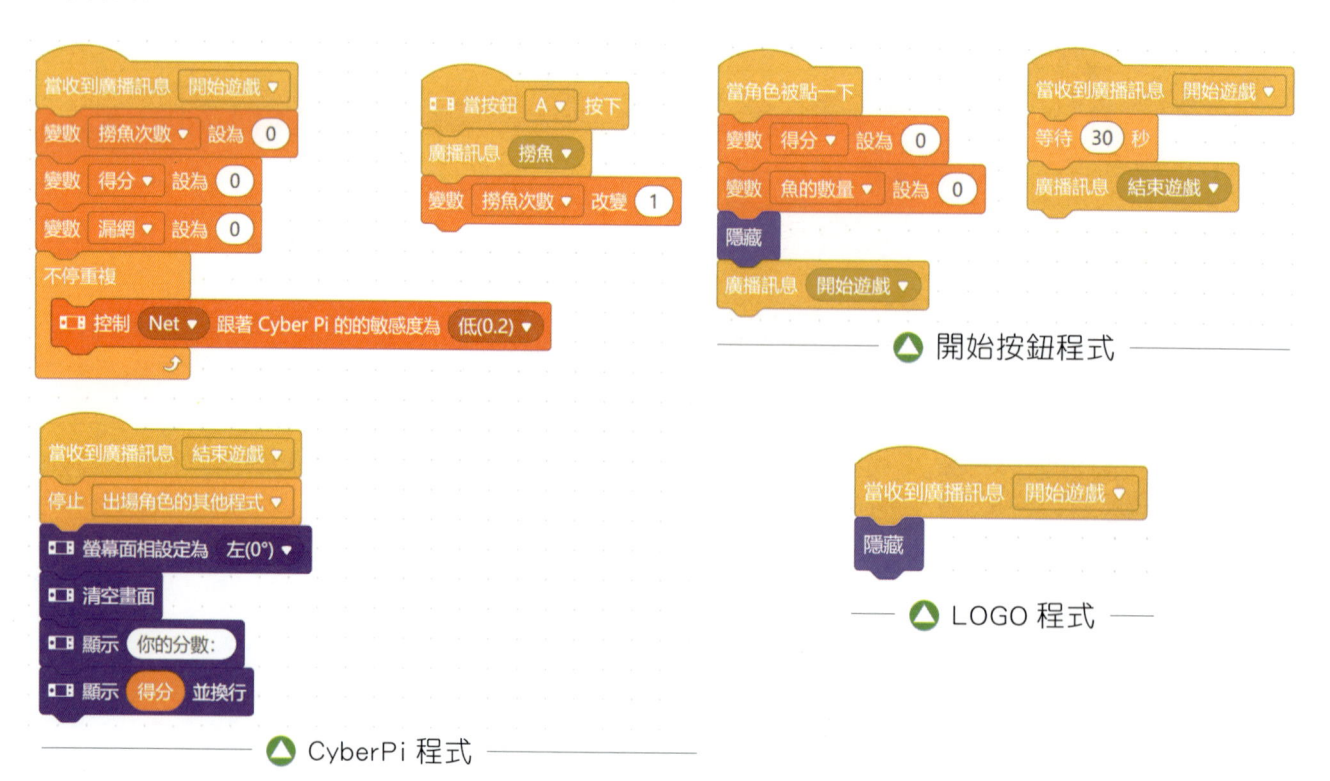

▶ 實作題

（CyberPi 程式）

（開始按鈕程式）

（LOGO 程式）

— 魚程式 —

— 漁網程式 —

— 十位數程式 —

— 個位數程式 —

第 15 課

▶ 小試身手

選擇題

1. (B)　2. (C)

填充題

① 遊戲操作；② 角色碰到小鳥，血量減 1 分。

第 16 課

▶ 小試身手

選擇題

1. (C)　2. (C)

填充題

① 角色選擇；② 抵達終點。

▶ 實作題

◯ CyberPi 程式

◯ 哪吒程式　　　　　　　　　　◯ 小鳥程式

附錄 **2** 小試身手、實作題解答

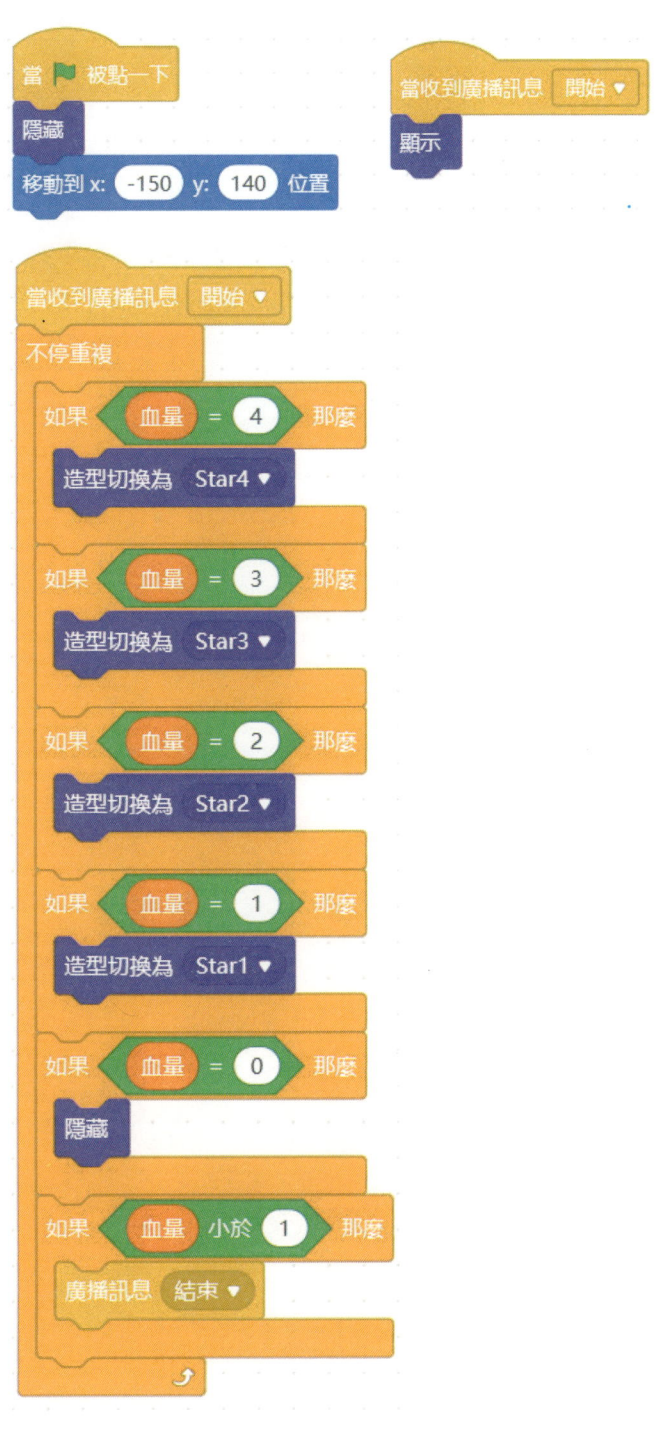

當 ▶ 被點一下
隱藏
移動到 x: -150 y: 140 位置

當收到廣播訊息 開始 ▼
顯示

當收到廣播訊息 開始 ▼
不停重複
　如果 血量 = 4 那麼
　　造型切換為 Star4 ▼

　如果 血量 = 3 那麼
　　造型切換為 Star3 ▼

　如果 血量 = 2 那麼
　　造型切換為 Star2 ▼

　如果 血量 = 1 那麼
　　造型切換為 Star1 ▼

　如果 血量 = 0 那麼
　　隱藏

　如果 血量 小於 1 那麼
　　廣播訊息 結束 ▼

△ 星星程式

191

MEMO

CyberPi 編程學習遊戲機組（含鋰電池擴展板）

產品編號：5001611
建議售價：$1,950

特色：
- 具有 8 MB 記憶體，提供 8 個程式記錄功能。
- 1.44 吋 128*128 全彩螢幕，提供數據可視化功能，還可化身為遊戲機。
- 具備多個輸入和輸出模組，鋰電池擴展板支援 mBuild 模組和 Arduino 第 3 方模組。
- Wi-Fi 連網功能支持人機互動，包含語音辨識、語言翻譯、文字轉語音、錄音功能。
- Wi-Fi 連網功能支持人工智慧、物聯網及區域網路應用功能。
- 支援 mBlock Python 編輯器。

CyberPi 編程學習遊戲機
產品編號：5001612
建議售價：$1,050

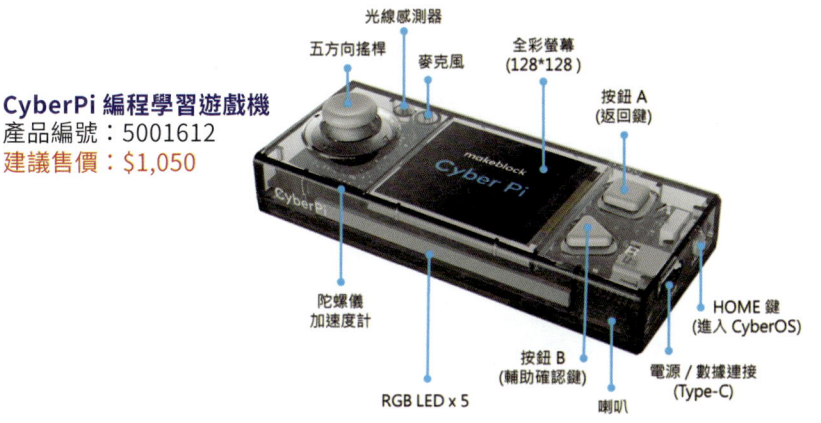

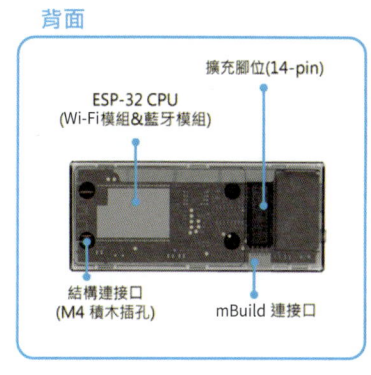

標註：光線感測器、五方向搖桿、麥克風、全彩螢幕(128*128)、按鈕 A (返回鍵)、ESP-32 CPU (Wi-Fi模組&藍牙模組)、擴充腳位(14-pin)、陀螺儀加速度計、RGB LED x 5、按鈕 B (輔助確認鍵)、喇叭、HOME 鍵 (進入 CyberOS)、電源/數據連接 (Type-C)、結構連接口 (M4 積木插孔)、mBuild 連接口

CyberPi 鋰電池擴展板
產品編號：5001613
建議售價：$900

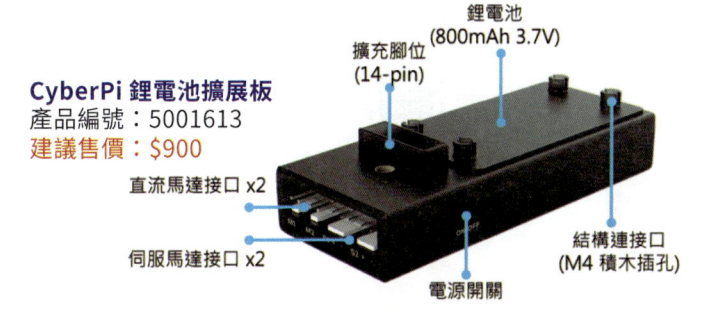

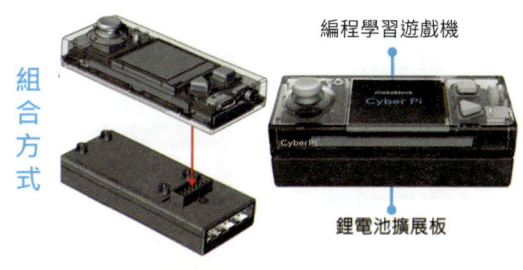

標註：擴充腳位(14-pin)、鋰電池(800mAh 3.7V)、直流馬達接口 x2、伺服馬達接口 x2、電源開關、結構連接口(M4 積木插孔)、編程學習遊戲機、鋰電池擴展板

組合方式

產品規格

搭配編程軟體		mBlock5： 圖形化積木（基於 Scratch3.0） 文字式：可一鍵轉 Python 或直接使用 Python 編輯器
處理器	晶片	ESP32（Xtensa 雙核處理器）
	主頻	240Mhz
板載記憶體	Flash ROM	448KB
	RAM	520KB
擴充記憶體	存儲（SPI Flash）	8MB
	記憶體（PSRAM）	8MB
板載元件	電控模組	麥克風 ×1、喇叭 ×1、RGB LED ×5、陀螺儀和加速度計 ×1、光線感測器 ×1、全彩螢幕 ×1、五方向搖桿 ×1、按鈕 ×2
	通訊模組	Micro USB 接頭
		藍牙、Wi-Fi（雙模式，支援 Mesh 組網）
鋰電池擴展板	擴充腳位	直流馬達連接腳位 ×2、伺服馬達連接腳位 ×2 支援 Arduino 第 3 方模組
	電池容量	800mAh 3.7V
配件		Type-C 傳輸線 ×1

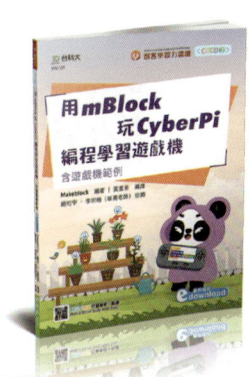

Maker 指定教材

用 mBlock 玩 CyberPi 編程學習遊戲機 - 含遊戲機範例
書號：PN101
作者：Makeblock 編著
　　　黃重景 編譯
　　　趙珩宇‧李宗翰（暖男老師）校閱
建議售價：$350

※ 價格‧規格僅供參考　依實際報價為準

JYiC.net 勁園國際股份有限公司 www.jyic.net
諮詢專線：02-2908-5945 或洽轄區業務
歡迎辦理師資研習課程

Maker Learning Credential Certification
創客學習力認證

創客學習力認證精神

以創客指標 6 向度：外形（專業應用）、機構、電控、程式、通訊、AI 難易度變化進行命題，以培養學生邏輯思考與動手做的學習能力，認證強調有沒有實際動手做的精神。

MLC 創客學習力證書，累積學習歷程

學員每次實作，經由創客師核可，可獲得單張證書，多次實作可以累積成歷程證書。藉由證書可以展現學習歷程，並能透過雷達圖及數據值呈現學習成果。

創客師 → 核發 **創客學習力認證** → **學員**

學員收穫：
1. 讓學習有目標
2. 診斷學習成果
3. 累積學習歷程

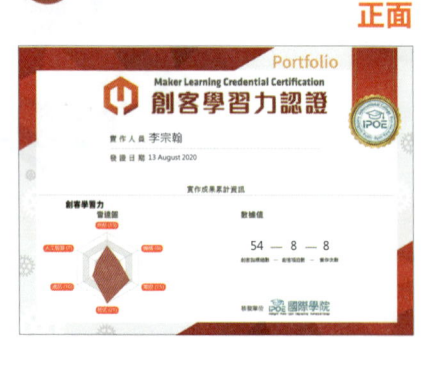

單張證書

歷程證書
正面
反面

雷達圖診斷
1. 興趣所在與職探方向
2. 不足之處

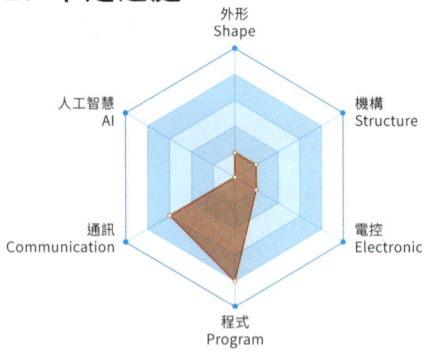

- 外形 Shape
- 機構 Structure
- 電控 Electronic
- 程式 Program
- 通訊 Communication
- 人工智慧 AI

數據值診斷
1. 學習能量累積
2. 多元性（廣度）學習或專注性（深度）學習

9 — 1 — 1
創客指標總數 — 創客項目數 — 實作次數

---

iPOE 國際學院

諮詢專線：02-2908-5945 # 132
聯絡信箱：pacme@jyic.net

書　　　名	用mBlock玩CyberPi編程學習遊戲機 - 含遊戲機範例
書　　　號	PN101
版　　　次	2020年11月初版
編 著 者	Makeblock
編 譯 者	黃重景
校 閱 者	趙珩宇・李宗翰(暖男老師)
總 編 輯	張忠成
責 任 編 輯	兆儀文化 康芳儀
校 對 次 數	10次
版 面 構 成	陳依婷
封 面 設 計	陳依婷
出 版 者	台科大圖書股份有限公司
門 市 地 址	24257新北市新莊區中正路649-8號8樓
電　　　話	02-2908-0313
傳　　　真	02-2908-0112
網　　　址	tkdbooks.com
電 子 郵 件	service@jyic.net
版 權 宣 告	**有著作權　侵害必究** 本書受著作權法保護。未經本公司事前書面授權，不得以任何方式（包括儲存於資料庫或任何存取系統內）作全部或局部之翻印、仿製或轉載。 書內圖片、資料的來源已盡查明之責，若有疏漏致著作權遭侵犯，我們在此致歉，並請有關人士致函本公司，我們將作出適當的修訂和安排。
郵 購 帳 號	19133960
戶　　　名	台科大圖書股份有限公司 ※郵撥訂購未滿1500元者，請付郵資，本島地區100元 / 外島地區200元
客 服 專 線	0800-000-599

國家圖書館出版品預行編目(CIP)資料

用mBlock玩CyberPi編程學習遊戲機
-含遊戲機範例/Makeblock 編著 黃重景 編譯
趙珩宇 李宗翰(暖男老師) 校閱
-- 初版. -- 新北市：台科大圖書, 2020.11
面；　公分
ISBN 978-986-523-137-8(平裝)
1.資訊教育 2.電腦程式設計 3.中等教育
524.375　　　　　　　109016562

網路購書：
PChome商店街 JY國際學院
博客來網路書店 台科大圖書專區

各服務中心：
總　公　司　02-2908-5945　　台中服務中心　04-2263-5882
台北服務中心　02-2908-5945　　高雄服務中心　07-555-7947

線上讀者回函
歡迎給予鼓勵及建議
tkdbooks.com/PN101